U0901618

EQ情商

儿童潜能开发专家 彭爱华 著

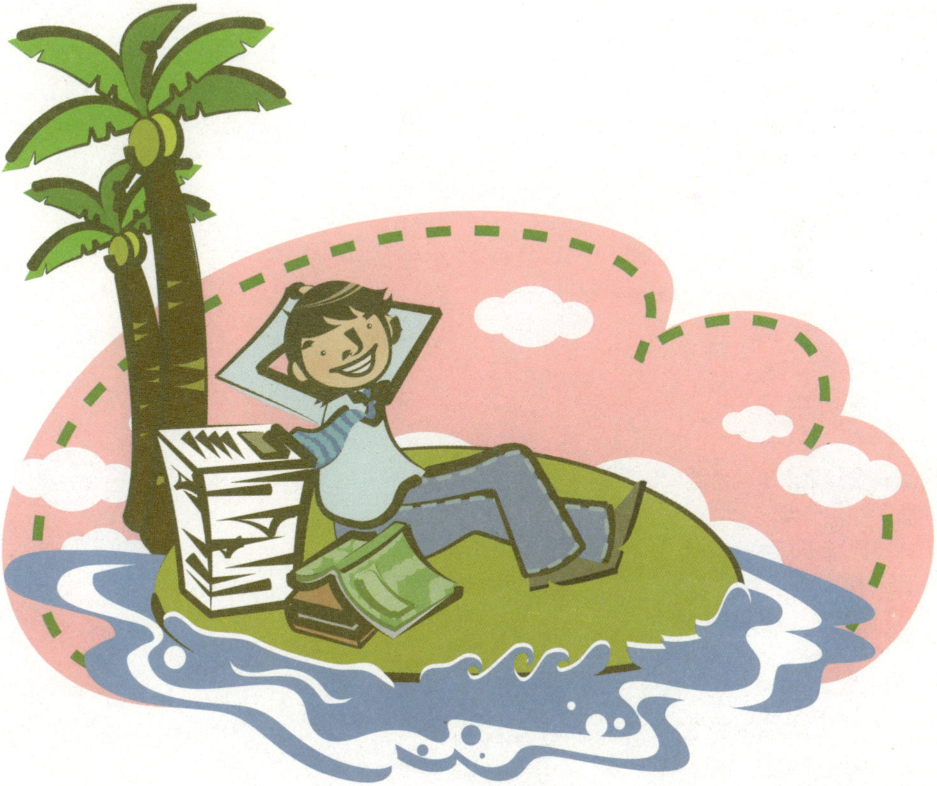

天津科学技术出版社

图书在版编目(CIP)数据

培养未来的孩子. EQ情商 / 彭爱华著. —
天津：天津科学技术出版社，2012.5
ISBN 978-7-5308-7008-2

Ⅰ. ①培… Ⅱ. ①彭… Ⅲ. ①少年儿童－情商－能力
培养 Ⅳ. ①G61②B842.6

中国版本图书馆CIP数据核字(2012)第085146号

责任编辑：刘　磊
编辑助理：王　璐
责任印制：兰　毅

天津科学技术出版社出版
出版人：蔡　颢
天津市西康路35号　邮编 300051
电话（022）23332695（编辑室）　23332393（发行部）
网址：www.tjkjcbs.com.cn
新华书店经销
北京海德印务有限公司印刷

开本 690×960　1/16　印张 8.5　字数 100 000
2012年5月第1版第1次印刷
定价：25.00元

推荐序

开发潜能，提升EQ

家庭教育专家 陈大为

每个人都会有与生俱来的潜能，这些潜能能不能被充分运用、充分发挥，要看是否能被完整地开发，而开发的关键，则是从小开始。

在这本书里，包含了60个提升EQ的小秘诀。从了解自我开始，一直到做一个情商高手，共分为五个部分来做系统化训练，它们分别是“认识真实自己”“情绪的自我管理”“与人相处的技巧”“自我激励的艺术”“你就是情商高手”，每个部分都提供了数个秘诀，以及提升EQ的方法，并附上练习题目，让小朋友可以按部就班，循序渐进，一步一步借着简单易懂的说明，加上生活化、趣味性的练习，自然而然地开发潜能，希望对小朋友们提升EQ能有所启发。

珍惜自己与生俱来的天赋，将它做最大的发挥。不管是在学习上，还是在人生发展上，都将会有很大的帮助。希望每一位小朋友都能从本书中得到一些属于自己的启发与帮助。

EQ尚未提升，小朋友们仍需努力

相信如果有人跟你说：“你的EQ很高哦！”你一定会觉得很高兴吧？但是你知道吗？如果你不努力开发自己的潜能，你就不能成为拥有EQ满分的小天才哦！所以你要好好激发自己的潜能，就像体操选手越是练习技术就会越好一样，我们大脑也是越使用越聪明，EQ就越高哦！

一般而言，小朋友在9岁的时候，EQ大概发展到80%左右；到了12岁的时候，则大概已经发展到93%了！因此，若不在小学毕业以前，赶快开发你的EQ，以后就会后悔莫及了！

本书提供的许多特别的方法，可以让你在12岁之前成功地提高EQ，而且这些方法既简单又有趣，你还在等什么呢？这些小练习跟你以前看过的EQ测验可是完全不同的哦！因为你不但能在日常生活中练习，而且还可以跟朋友们一起游戏呢！至于练习后所能获得的成果，保证让你大吃一惊！赶快行动吧！

编者

目录
contents

第一章 认识真实的自己

第二章 情绪的自我管理 24

第三章 与人相处的技巧 53

第一章

认识真实的自己

1 经常自我反思

自我反思是一件非常美妙的事情。

经常自我反思的人具有超强的自制力，并且整天生活在快乐之中。

更重要的是他非常清楚自己的情绪发展状况，在避免对自己造成伤害的同时，又拥有了良好的人际关系。

那么，怎样做自我反思这件事呢？

也就是说怎样才能达到反思后想要的效果呢？

下面的方法或许适合你，不妨试一下吧。

在一个没有人打扰的房间里，准备好纸和笔，按照下面的问题对自己提问，然后将答案写在相应的地方。

（1）这几天的情绪：________________

（2）最让你失望（伤心）的事：________________

（3）最让你兴奋的事：________________

（4）你完成了最大的一件事情是：________________

（5）你都和哪些朋友沟通了：________________

（6）你处理事情的最好办法：________________

（7）作息时间有过大的改动吗：________________

（8）你是怎么控制自己情绪的：________________

（9）你学到了最新的知识是：________________

（10）你这几天生气（不高兴）的次数：________________

只要你准确地回答了上面的问题，现在你要做的就是看自己的答案了。

因为只有答案会告诉你最近的总体情况，我们将答案分为三类：

（1）正面答案。

（2）反面答案。

（3）不置可否（忘记）。

如果正面答案在五个以上，说明这段时间你的情绪稳定，你接下来要做的就是继续保持，排除不利因素。

反之，反面答案在四个以上，你就需要调整好自己的心情，准备明天的学习了。

当然，如果不置可否占到四成以上，说明你前段时间学习没有效率，在其他方面也需要提高哦。

经常给自己做这样的反思，就会让你超越别人，成为一个很有能力的人！

重做一些事

挑选文中10个问题的答案中的几件事，重新做一遍，看你能不能做得更好。

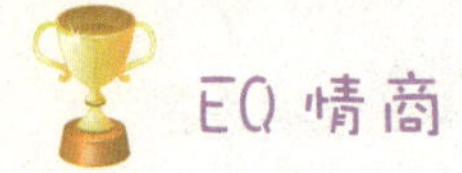

试着走出自我的误区

不知道小朋友有没有这样的经验：

如果一个人离你非常近，几乎马上就能碰到彼此的鼻尖了，那么这时要想看清对方实在是很难的。但是，只要你往后退几步，双方保持一定的距离，就能够将对方看清楚了。

同样的道理，如果你想要看清自己，就需要走出自我，与自我保持一定的距离，这样会给你带来一些新的令人感到意外的发现。

但是，如何才能做到与自我保持一段距离呢？

下面的办法或许可以达到哦！

例如，你用他（她）生气了来代替我生气了。

每当他（她）情绪激动的时候，就会拼命吃很多很多东西。

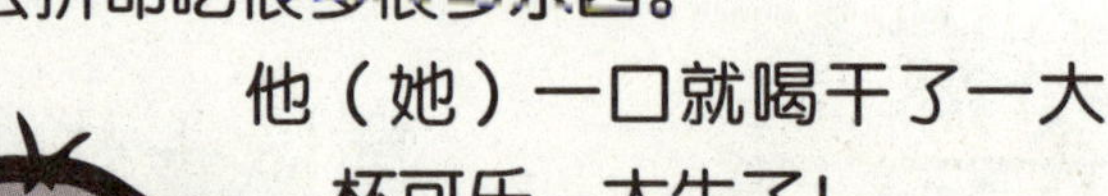

他（她）一口就喝干了一大杯可乐，太牛了！

这种走出自我的方法，就是采用以局外人的身份，来客观地评价自己的情绪。

这种方法可以让自己高兴，因为高兴能使你获得一些解脱，忘掉当前情绪的失落。

将自己放在比别人高的位置上的人，总是很孤独的，他们没有多少好朋友，因此，小朋友在说话、写作文的时候，尽量少用“我”“我认为”之类比较自我的话语，只有走出了自我，才能拥有较高的情商。

学会玩与他人合作的游戏——“骑马”

你和另外两个同学一起玩，先用“手心手背”法猜拳，首先获胜的甲当骑者，剩下的两人用“石头、剪子、布”猜拳法，获胜的乙背靠墙或柱子当“马头”，输掉的丙用头顶住乙的腹部，双手扶住乙的腰当“马身”。

游戏开始，甲用左手拉住丙的衣领子，一边高兴抖动身体吆喝：“驾、驾！”一边用右手和乙猜拳。

三个人猜拳继续上面的游戏。

3 利用回忆，调动自己的情感

小朋友们有没有这样的感觉：

你也许对过去的一些事情记不起来了，但是当你看到以前的照片，或眼前的场景和自己印象中的场景相似时，往事就会一古脑儿地呈现出来了。

比如，在几年前，你参加了一次夏令营，十几天的团体生活给你留下了深刻的印象，一些小朋友和你成了好朋友，但是现在你很久都没有和他们联系了，甚至有时连他（她）的长相都记不起来了。

如果就在你回忆这些往事的同时，把你在夏令营的照片翻出来，这样很快就能想起当初那些激动人心的细节了。

如果你心情很不好，那就翻开你的大相册，最好是全家人的照片，因为照片上显示的都是你们非常高兴时的照片，你可以在翻看照片的时候，为自己挑选一个安静的环境，看照片时尽量多地回忆你拍照时的情绪，这

样你的情绪很快就会被激发并高涨起来。

当然，如果有可能，你可以选择上网，跟好朋友聊聊天，或者找个能和你说得来的人，把自己的情绪发泄出来。

动手做一做

将你出生时、半岁、一岁、你记忆中的第一次照相、上幼儿园时、上小学时、获奖时……你认为对你非常重要的时刻的照片按时间顺序排列，组成一本个人成长历程相册。

 通过游戏了解自我感觉

自我感觉也可以以游戏的方式，通过别人的看法和观点来修正。

列出一个关于自己性格品质特征的清单，清单尽可能完整地展示出你各方面的个性，但是你必须真实并且要有一定的代表性地列出清单，然后将这张清单复制多份。

找一个绝对不会被打扰的环境来进行你的游戏，即使是父母也不许他们加入进来。

请你的朋友来参加这项活动，最好是男孩、女孩都有，因为男孩和女孩看待问题的角度会有很大的不同，让你的朋友相信你是非常认真地对待这项游戏，是你非常信任他们才会让他们加入进来的。

只有这样，一个在别人帮助下的自我感觉和认识才能有效地进行下去，你才能全面地了解自己的性格特点和感觉的准确性。

你需要在自己所具有的品质特性和性格特征的一旁标上“*”。

你的朋友也在他能从你身上感觉到的、看得出来的品质特性和性格特征的一旁标上“*”。

最后，你需要拿出自己的那张清单，与朋友的清单作比

较，看看这几张清单之间的偏差，针对偏差，你需要仔细地思考。

这种方法很适合小朋友的情商发展，它能从外界和主观两个方面综合校正小朋友的情商。

给自己画一个自画像

亲自动手，给自己画一个自画像。（表情要代表你的性格特点哦！）

5 从父母那里学习

父母是孩子人生路上的第一位老师，因此，父母的性格和情感形式会直接影响到孩子，比如，男孩子比较偏重于对父亲的学习和模仿，而女孩子则偏重于学习母亲的细腻和温和。

通常情况下，研究人员将父母对孩子的教养风格归类为以下三种：独裁型、纵容型和主权型。

1.独裁型父母强调秩序和控制，他们的孩子必须言听计从。

2.纵容型父母对孩子过于宽容，不会对孩子过于强求，也不会为他们设定目标，认为孩子应根据自身的天性发展。

3.主权型父母尊重孩子是独立的个体，强调孩子对家庭、社会的责任感，鼓励并嘉奖孩子的能力，允许孩子在成长过程中提出自己的意见。

通过以上的描述，你可以给自己的父母分别归类，看看他们各自在哪些方面给予你最大的影响，并将他们给你的影响填在下面的表格中。

从下面的表格中，你就可以归纳出父母对你的教养属于以上三种中的哪种类型了。

事　项	给你的影响	
	父　亲	母　亲
在做重大决定时		
考试失利后		
遇到挫折时		
你获得了奖状后		
待人接物的态度		
父母各自的性格特点		
相比较，你喜欢谁多一些		

你可从父母身上学习你认为最有用的一个特点，并经常观察他们的举动，最好从细节开始。

比如母亲在算账的时候总习惯多算一遍，父亲在微笑的时候有一个习惯性的手势等。

相信通过你不断的努力，你一定会成为一个人见人爱的人。

观察题

（1）如果父亲喜欢抽烟的话，就观察一下一晚上父亲抽烟的数量，并将自己的想法和观察结果告诉他。

（2）注意父母在日常生活中有没有口头禅，若有，则提醒父母改正。

学会驾驭愤怒的情绪

愤怒是一种非常危险的情绪。它具有很强的杀伤力，愤怒在一定条件下会直接造成人身伤害。因此，我们要尽量避免愤怒情绪的发生。

学会驾驭愤怒的情绪显得非常重要。下面就给小朋友们介绍一些控制愤怒的方法。

方法一：拖延法

拖延法就是尽量地拖延时间，以便于克制自己，不让糟糕的情绪马上就爆发出来。这种方法需要相当强的定力，有些人在整个控制过程中，甚至将自己身体抠出血来都不知道！

方法二：数数法

处于愤怒情绪爆发前期时，据说从1数到60，就是想生气大概也生不出来了，这种方法很好，比较简单，值得小朋友们一试。

还有一种驾驭愤怒情绪最有效的方法，就是一旦发现自己的情绪难以驾驭，愤怒情绪马上就要爆发，就赶紧上厕所。

这时不管你有没有想上厕所的欲望，你都得去厕所蹲会儿再出来。

对待愤怒的情绪，我们要做的

就是尽量减少这种情绪所造成的伤害和损失，只要小朋友拥有良好的教养，经常控制住自己的情绪，就不会产生愤怒的情绪了。

驾驭愤怒情绪训练法

学会在愤怒的时候，转移自己的注意力，或者被别人打断后就立刻冷静下来。比如，你可以将视线调到窗外，看看窗外的景点，或者立即坐下来进行抄写工作等。

拍下自己的情绪照片

你喜欢摄影吗？想象一下拿着照相机，拍下你所喜欢的一切事物该是一件多么惬意的事情啊！

但是，你有没有尝试过拍下自己的情绪照片呢？

因为，在你的相册中，你的表情大致上无一例外都是笑着的。

当你产生忧愁、愤怒、激动等情绪时，自己面部的表情却只有别人才能看见，所以，拍下自己各种各样的表情是一个非常不错的主意。

你可以先对着镜子做出自己满意的各种表情，然后用数码相机拍下来。

你只需要给自己建立一个情绪相册，并在照片上写下你的希望和建议，比如在“微笑”的照片旁写下：“这是我感觉自己最美的样子，一定要经常保持！”

在愤怒的照片旁写下：“愤怒曾经让我失去了最好的朋友，我决定改正这个缺点。”

你只需经常翻看这个

相册，并对着镜子练习，就能很好地控制自己的情绪，抑制愤怒、失望、痛苦等不良情绪，展现自己美好的一面，这样就能获得同学和朋友的信赖和支持，情绪往往通过表情传达给身边的人，控制好自己的表情，是控制情绪的最好方法。

给自己制作一个情绪档案

写下自己各种情绪，并试着对着镜子表演并拍下来，然后在每张照片上注明不同的表情。

相信自己的直觉

不知你是否有这样的感觉：

在考试的时候，有些选择题你不会做，但是凭第一印象即直觉你答对的概率往往较高。

这就是直觉的功劳，在现实生活中，直觉一般被人们排斥，因为他们不相信直觉，我们可以通过相关的训练来培养自己的直觉，比如：

（1）找一个安静的环境，保证自己不会被干扰而打断思绪，同时寻找一个帮手，便于你们相互配合。

（2）然后，你拿着一些相同的纸片，并在每张纸片上都画出一个简单、抽象的符号，每张纸片上的图片都有很大的区别，比如：一个圆圈，一个正方形，一个三角形，一条直线等。

（3）你俩面对面坐在一张桌子旁，他抽出一张纸片，然后快速地掩盖起来。

（4）这时你要努力在脑海中形成刚才看到那张图片上的符号，你需要将全部思想、全部注意力都放在对方身上。

（5）同时必须全神贯注地思考，一而再、再而三，直到你能够全部说出你刚才看到的是什么符号为止。

上面就是训练直觉的方法，只要你经常这样训练，有了一定的经验之后，你就会拥有惊人的直觉哦。

直觉训练

就自己眼前的任何一个物体，直视三十秒左右，然后展开联想，尽量多地去想象，并将想象的结果写下来，最后直到实在想不出来为止，看看你对哪些想象结果最满意，为什么？

看看你能不能管住自己

我们来做一个实验：

让你和一群小朋友分别走进一个空荡荡的大厅，在大厅最显著的位置为你们每人放了一块你们最喜欢的软糖。

在你将要走进去的时候，老师对你说：“如果你能坚持到等我回来你还没有把糖吃掉的话，你将会得到一个奖励——再给你一块软糖，也就是说，你将会得到两块软糖。但是，如果你没等我回来就把糖吃掉的话，那么，你就只能得到这一块。”

实验开始，你和其他小朋友依次走进大厅……

想想看，老师半天不回来，而你又忍不住想吃掉手中的软糖，但是，你又想得到两块软糖，你最终的答案是什么呢？是吃掉还是留下来？

其实，上面是用来测试你的情商指数的实验，如果你没有抵制住诱惑，吃掉了那块软糖，就说明你的控制力需要提高哦。

因为，科学研究发现，凡是小时候缺乏控制力的人，今后无论他的智商如何高，他成功的概率都很小；而那些自小就能够通过转移注意力的方式控制自己情绪的孩子，往往能更好地把握自己的人生。

你能很好地控制住自己的情绪吗？

从现在开始，让我们一起走上提高情商之路吧。

看看你平时的情绪

（1）你每次在等电梯的时候，会做出什么样的反应？

（2）如果你放学回家之后，发现妈妈还没有把饭做好，那么你的第一反应是什么？

（3）每当你受到大人的批评，通常情况下，你会怎么样？

（4）在体育比赛中，你通常会怎么做？

10 参加体育锻炼

你对自己现在的体重满意吗？

你是否经常参加体育锻炼呢？

研究表明，经常参加体育锻炼的学生，他们的记忆力和大脑灵活度往往强于不怎么运动的学生，身高增长速度较快，体质也相对要好很多。

同时，经常参加体育锻炼，尤其是像打篮球、踢足球这类对抗性很强的运动项目的学生，他们的心理素质明显高于不参加锻炼的学生，情绪也比较稳定，心态乐观，这类学生的学习效率也很高。

可见体育运动在孩子发展过程中所起的重要作用。

小朋友不妨给自己制订一个锻炼计划：

（1）每天除了学习之外，抽出一定的时间来锻炼身体。

（2）特别是星期天，更应该安排至少半天锻炼的时间。

（3）参加一些有多人参加，并且对抗性较强的体育运动。比如，你可以参加篮球比赛，锻炼你的反应速度和灵活性。

你也可以打乒乓球，这是比较全面提高身体素质的一项运动，并且不会带来意外伤害，安全性较高。

参加完体育锻炼之后，再畅快淋漓地冲个澡，最后再学习，这时，你的精神状态正处于学习的最佳阶段，学习效率自然是非常高喽！

小朋友一定要养成经常参加体育锻炼的好习惯哦!

跑圈圈

（1）去操场跑圈，最开始也许你连一圈都跑不下来就已经筋疲力尽了，但是你要每天坚持跑，并且风雨无阻，给自己规定比上次跑更多一圈，要求自己中间不许停下来。如果你能坚持一个月，之后就可以找个不错的对手比试比试了。（一个月能跑6圈以上，说明你已经很了不起了哦！）

（2）给自己安排一个体育训练计划表，并努力按表执行。

11 走出情绪低谷

你的情绪经常很稳定吗？

但是，如果一旦良好的情绪受到影响，那么你是任其发展呢？还是会想出办法，很快稳定下来？

比如，你今天上学又迟到了，为此你受到了老师的批评和班上其他同学的责备，你内心很“受伤”，情绪也不可避免地进入了低谷。

但是，你却不知道谁该为你低落的情绪负责，是糟糕的天气引起了交通堵塞，还是昨晚玩游戏太入迷休息太晚影响了你今早的起床？还是你讨厌早读和做广播体操，故意想晚到一会儿呢？

其实，当你静下心来坦然对待自己时，你或许就不会这么简单地认为了。

你可以通过给自己提出一些有针对性的问题，来驳倒自己上面所提出的论据，让我们试试看：

（1）交通：交通堵塞总是让我情绪低落吗？或能低落到现在的

地步吗?

（2）起床：难道我昨晚不玩游戏，就能保证我今早不迟到吗?

（3）早读和做广播体操：以前我也一如既往地讨厌早读和做广播体操，但我经常迟到吗?

（4）迟到：如果我不迟到，就保证今天情绪高涨吗?

从上面的分析可以看出，这些原因都不是引起你情绪低落的最终原因，要想很快地走出情绪低谷，就需要立即找出引起情绪低落的真正原因，并很快地加以补救，这样，你才能保持以往的高涨情绪。

情绪训练题

（1）对着镜子练习不同的表情。

（2）时刻想象自己脸上的表情。

（3）找出一些表达情绪的词语，比如开心、愤怒等。

第二章

情绪的自我管理

1 用冷静面对羞辱

1980年的美国总统大选期间，在一次非常关键的电视辩论中，竞选对手卡特抓住里根当演员时的生活作风问题，发起了恶意攻击。

但是，里根并没有丝毫愤怒的表示，他只是微微一笑，冷静而又诙谐地调侃说："你又来这一套了。"

结果，这句话反而让卡特陷入了尴尬的境地，而里根则利用自己的机智和冷静获得了大选的胜利。

从上面的故事中我们可以看出：

冷静地面对对方的羞辱是多么的有力啊！

假设里根听完卡特的羞辱后立刻恼羞成怒的话，那结果对里根肯定是非常不利的。

如果你在学校受到了老师和同学的羞辱，你会如故事中的里根一样冷静地反击对方吗？

面对莫名奇妙的羞辱，大多数人的第一反应就是情绪激动，这样势

必会造成对双方的伤害。

可见，在这种情况下的冷静显得有多么的重要。

你需要做的，就是控制住自己的情绪和情感，以积极的情感面对老师和同学的羞辱。

因为，在这种情况下，即使你有一百张口也说不清楚，你需要将对方给你的羞辱化为你积极进取的动力，这样可以加强你与他人之间的交流，这种遇事不惊的心理素质，就是高情商的最佳体现。

铭记这两句名言

（1）有志者，事竟成，破釜沉舟，百二秦关终属楚。

（2）苦心人，天不负，卧薪尝胆，三千越甲可吞吴。

等你平静下来再做决定

你可能被一些事情影响了原本很好的情绪，现在心跳得非常厉害，但是对方还在喋喋不休地抱怨，而这更是让你的情绪到了狂怒的边缘。

在情绪的感染下，你的话语越来越尖锐，这种情况下，你需要马上离开现场，等心情平静下来再做决定。

当你需要情绪稳定时，可以采用下面的办法：

（1）深呼吸，直至完全冷静下来。因为你深深地吸气，能使新鲜空气充满整个肺部，而你只需把一只手放在腹部，使你确保正确的呼吸方法就行了。

（2）可以采用自言自语。因为小孩子和老年人都喜欢自言自语，专家研究发现，自言自语能抑制愤怒的情绪，你可以对自己说："我需要冷静。"或者说："一切都会过去的，我一定能冷静下来。"

（3）马上进行激烈的体育运动。最好是短跑，或者射门等都可以达到预期的效果。

（4）马上去洗热水澡。热水澡能使你的大脑清醒，到时怒气和焦虑都不算什么了。

（5）想着不愉

快的事，同时把你的指尖放在眉毛上方的额头上，大拇指按着太阳穴，深吸气并持续几分钟，你就能冷静地思考了。

这些方法你可以试一下，在与人交往中，最好的办法还是控制好自己的情绪，争取不让情绪控制了自己就好了。

我控制情绪的好方法

将你发泄自己情绪的方法写下来，和文中的方法相比较，看哪种更有效？

方法一：

方法二：

为自己亲手种一棵树

小朋友经常去植物园观赏植物吗?

万紫千红的植物世界让我们心旷神怡。

但是你有过给自己种一棵树的想法吗?

你可以想象，若干年后，自己亲手种植的树木长成了一棵高大挺拔的大树，这该是一件多么有成就感的事情啊!

如果你是一个男孩子，就选择一棵茁壮的乔木树苗，比如杨树、松树、梧桐等;

但是你要是一个女孩子，那就选择一棵果树，比如选择桃树、梨树、樱桃树等;

你需要将这棵树种植在自己能经常照顾到的地方，这样你就可以给它浇水、施肥，也可以看到它的成长。

你可以给属于自己的树起一个你喜欢的名字，并且给它建立一个档案，仔细记下它的成长历程。

如果你种的是一棵果树，那么在其整个成长过程中，你会享受到非常多的惊喜，比如，它第一次开花，第一次结果。必要的情况下，你还得给它剪枝、除虫等。

在照顾属于自己的树的同时，在获得希望的同时，你还能感受到成长的自豪感，同时在无形中也培养了你们的情感，让它伴你成长，这是最棒的事情了！

养一种动物或者植物

自己动手在家养一种动物或者植物，建议你养一条金鱼、养一盆仙人掌等，观察它们的成长，你会获得很多心得体会。

4 显示你的缺点

世界上没有十全十美的人，每个人都有缺点。

你是否经常掩盖自己的缺点呢？

比如，你有很强的嫉妒心理，经常嫉妒比你学习好的同学，但是你又极力掩饰，害怕别人发现。

要知道，缺点是人与生俱来的，是人的本性之一。

如果你能正视自己的缺点，并花大力气改正它们的话，相信你会取得非常不错的成绩，同学也会喜欢和你交朋友，因为他们谁也不希望自己有一个完美无缺的竞争对手哦。

所以，希望小朋友们认真对待自己的缺点，争取养成一种“这样非常非常不好”模式的感情。

在一个安静的时间内，独自挖掘一下你自己的缺点，并探究缺点产生的原因：

（1）这样非常不好：这样下去会非常糟糕？

（2）这样非常不好：我经常较真，从没有赞成过任何人。

（3）这样非常不好：并非只有我有妒嫉心理，别人同样如此。

（4）这样非常不好：我只想让自己完美，事实上没有人是完

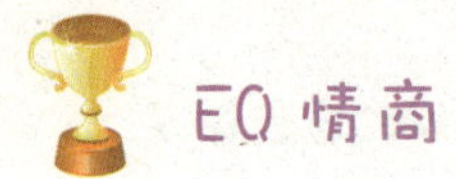

美无缺的。

（5）这样非常不好：我的学习成绩应该是最好的，别人都不行。

（6）这样非常不好：这不是我的问题，没有人能克服妒嫉。

如果你能认真看待自己的缺点，那么，你就敢在别人面前，轻松地暴露自己的缺点。

当然，一旦你亲自将自己的缺点公诸于众，你的诚恳和勇敢将会获得别人的喜爱和理解，他们也会真诚地对待你，也就没有人能因此而使你出丑和难堪了。

准备一个小本子，便于随身携带的那种，将自己在当天所犯的错误记下来，晚上睡前仔细看一遍，并告诫自己，这些错误和缺点下次不能再犯，每天坚持这样做，你将会有明显不同的感觉。试试看吧！

学会退一步思考问题

你有先向对方认错的习惯吗？

当然了，这并不是鼓励你多犯错误哦。

比如班上分小组讨论关于学习方法的问题，老师指定你担任你所在小组的组长，在讨论的过程中，你是怎么做的呢？

是以自我为主，唱独角戏呢？

还是虚心听取别人的意见，即使对他们的看法有些疑问，你也不会直接当面反驳？

这是处理别人意见和看法的两种截然相反的方法，它们各自所取得的效果是完全不同的。

如果你能学会退一步思考问题，可能就会取得不错的成果。

有句话说“退一步海阔天空”，因为退后一步，先向对方认错，这样就能缓解交往中的紧张气氛，协调了双方的情感，因此就有了成功的沟通，对方也会以宽大的态度接受你的意见。

在与别人交往的时候，在语言上一定要谦逊、礼貌，千万别以傲慢的样子来回应对方的热情。

同时，最好不要正面反对别人的意见，也要求自己不要太武断，在语言上少用太肯定的措辞，比如：

“当然”“一定”“肯定”“无”等；改用别人易接受的“我想”“我假设”“也许”“或许”等字眼。

这样，你会发现，你的意见就能较容易被人接受，你身边的人也乐意和你一起讨论问题，你会有很多好朋友。

用运动练习思维

（1）在床上翻几个跟头。

（2）在操场练习倒着跑。

6 合理安排假期

小朋友最喜欢假期吧。

假期的合理安排体现了你运用时间的能力。

因此，你完全有权利从父母手中“夺”回属于自己放松的时间。

对于下个星期天，你可以给自己一个合理的安排，并将计划写在下面的表格中：

	时　间	事　件
(1)		
(2)		
(3)		
(4)		
(5)		
(6)		
(7)		

通过制订计划，你的星期天是不是再也不必忙碌了呢？

每次在假期之前，你完全有必要为自己制订一个与上面相似的计划。

你也可以为自己预留一段时间，在这段时间内，你可以不做任何的事情，而只需让经历了长时间学习的大脑得到休息。

训练题

将你最近的学习与活动计划写在一张纸上，然后计算出做每件事所需要的确切时间，时间越准确越好，最好精确到分钟，最后计算出总数，拿计划的时间总数和实际的时间对比一下，看看你能节约多少时间。

乐观地面对困难

你看待问题的角度是怎么样的？

是乐观和自信的成分多一些呢？还是悲观、失望的成分多一些？

下面有一个故事，或许对你有所启发。

两个探险者在沙漠中迷了路，他们马上就要渴死了，上帝不忍心看到他们就这样死掉，于是给他们每人面前放了半瓶水，悲观的人看到这半瓶水时说：

“唉，怎么只有半瓶水，这连我的牙齿都打不湿，我喝它又有什么用呢？”

于是，他没有喝那半瓶水，没多久他就葬身沙漠了。

乐观的人发现那半瓶水之后，非常兴奋地说：“啊，这儿竟然还有半瓶水！我喝光这些水，就有力量走出这片沙漠了！”

乐观的人喝光了那半瓶水，凭借自己的毅力终于走出了那片沙漠。

从上面的故事中，我们可以看出：

带着正确的观点和看法，你就能将不幸和倒霉看成微不足道的东西。

比如你和朋友说好了在这个星期天一起骑自行车郊游，结果却下雨了，想想看，你会发出什么样的感慨？

相信一般人都会说："唉，下雨了，真是不爽！"

但是乐观的人就会说："好久都没有感受到雨了，也许明天会好一些。"

这就是在两种不同的心态下，人的情绪反应，乐观的人在遇到困难时，总会相信自己是幸运儿。

因此他认为困难帮他躲过了什么，或者认为当前的状况不是最糟糕的，而倒霉鬼则会抱怨自己不顺，什么倒霉的事都让他遇上了。

两种不同的心态，决定了两种截然相反的人生态度，要做幸运儿还是倒霉鬼，你自己决定吧。

训练题

（1）找一些探险的书来看。

（2）用转移的办法调整心情。

（3）选择一小时做多件事。

学会划定恰当的心理界限

国与国之间都有明显的界线，而那些界限不明的国家，则经常遭受炮火的摧残。

同样的道理，人与人之间也存在一定的界限，这个界限是无形的心理界限，它设定了一个人应对外界的最大情绪和心理控制范围。

下面问题是测试你的心理界限的试题：

（1）夜深了邻居家的噪音将你从睡梦中惊醒，你立马起床给他提醒一下？

（2）别人用粗鲁的动作和粗话侮辱了你，你会立即做出相应的反应？

（3）朋友当面攻击你最爱看的电影和最喜欢的影视明星，你会提醒他说话注意一下别人的感受？

（4）你会对自己的好朋友分类，轻易不会因一些界限问题而闹翻？

（5）你很清楚自己的忍耐极限，因此一般情况下都能很好处理一些涉及两人之间界限的问题？

（6）朋友借走你的书已经很久了还没有还的意思，你会一直等下去，直到他想起来再还为止？

上面是简单的测试你心里界限的试题，如果你的肯定答案是4个以上，就说明你有很强的自我保护能力，心理界限也非常明确。

但是，要是肯定答案在3个以下，就表明你在自己的心理界限上应该加强管理了。

学会划定恰当的心理界限，这样对每个人都有好处，在和同学交往中，即使是脾气再好的人也有自己的界限，你需要尊重他们的心理界限，比如有些朋友不喜欢说他的父母和家人，因为他父母在一年前离婚了，这样你就要避免谈及这些事。

同样在家里，你也要清楚父母的心理界限，妈妈为你做饭洗衣、做家务，还要上班，辅导你的学习，而你却没有对她心存感激，连一句真诚的谢谢也没有说过，甚至觉得她这样做是天经地义的，这样就会伤害妈妈的感情。

同样，你也要向父母表明自己的心理界限，比如，你需要自己的小房间是属于自己的，在没经过你的同意之前他们不能随便进入，或者你有某些特殊的爱好等。

地图边界画线

找到中国地图或世界地图，沿着省界或国界画线。

爱心从最小的细节开始

小朋友们都喜欢各种各样的事物，可能对某些事物达到爱的程度，但是，你要知道，只有那些富有爱心的人，才会得到相应的爱哦。

你很了解自己的爱好吗？

那就将它们填写在下面的横线上吧：

（1）最喜欢的动物：____________

（2）最爱玩的游戏：____________

（3）最喜欢的一项运动：____________

（4）最擅长的一种乐器：____________

（5）最喜欢的一个故事：____________

（6）最喜欢的人：____________

（7）最敬佩的人：____________

如果让你挑选一种表情代表你的心态，你会选：

愉快、愤怒、忧郁、兴奋、平静

如果你喜欢的动物是小松鼠或是机警的小白兔，那么就能证明你拥有强烈的爱心。

其实，我们的爱心都是通过对身边的事物的爱而培养起来的，可能女孩子在爱心方面比较有优势，她们会喜欢逗小宝宝玩，或者对地上的一只蚂蚁、一条死掉的小狗、一只流浪的小猫充满了同情。

因此，培养小朋友的爱心，首先就要从身边的小事做起，对一草一木都要充满感情。

你有什么反应

你给过乞丐东西吗？如果遇见一个乞丐，你的第一反应是什么呢？

厌恶，同情，还是熟视无睹？

养成随时随地做好事的习惯

许多研究成果表明，无论男孩或是女孩，他们都有非常强的同情心，都愿意帮助别人，只是在表达方式上有所差别。

一般来说，男孩更愿意做些体力上或“营救”之类的事情，而女孩则更能起到精神安慰和支持的作用，比如：

男孩子帮助老人提重东西，而女孩则更多的时候会安慰心情不好的男孩。

培养小朋友同情心最简单也最有效的方法，就是教他们如何随时随地做好事。

这样做其实非常的简单，你只需从文具店买回一本笔记本，从自己家开始，记录家庭成员中每个人每天所做的好事。

这些好事可以很简单，比如你为妈妈开门，或者学着帮妈妈拖地、擦桌子、给爸爸倒杯水等。

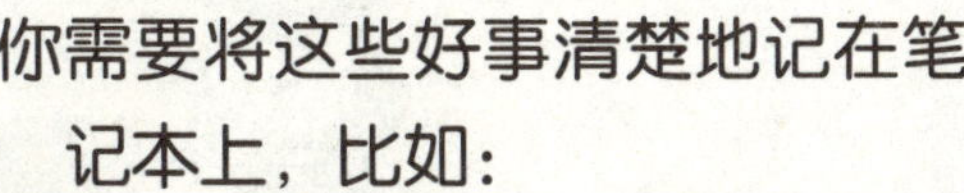

你需要将这些好事清楚地记在笔记本上，比如：

好事一：我帮爸爸倒杯水。

好事二：我为妈妈开门。

接下来你的记录可以延伸到学校，你可以为你的好朋友每人建立一个好人好事档案，让她（他）告诉你做好事的内容，这样，你们就能形成一个做好事的小团体，将影响从家里扩展到学校，甚至社会上的其他地方。

训练题

和你的好朋友一起，对班级同学的好人好事做一个小调查，并给做好事最多的同学带一朵自制的小红花，每周轮流让该周做好事最多的人佩戴。

11 学会自我安慰

当你遇到不愉快的事情时，你会怎样做呢?

比如你正要走出教室门的时候，有一个冒失鬼一下子猛推开门，后果是你眼冒金星，额头顷刻间多了一个大包。

在你气愤至极的怒视下，那个冒失鬼楞在了原地。

接下来的事情，如果按你的脾性，你会怎么处理呢?

请画出上面所描述的情景，并给出写答案的空间：

你会对这个冒失鬼一顿拳打脚踢呢?

还是只顾揉搓自己疼痛的额头，默默地回到座位上哭泣?

在这种情况下，专家的建议是：

给这个冒失鬼一点建议，让他下次小心点，同时也在内心提醒自己，下次出门一定要注意，不要再当一次倒霉蛋。

更多的时候，我们在遇到类似的事情时，需要学会自我安慰，比如：

你可以对自己说："幸亏只是撞到额头，要是撞到眼睛上，那麻烦可就更大！"

同样的道理，在一次测验考试的时候，你发现自己不仅没有考到自己预计的名次，还被你的竞争对手狠狠地奚落了一番。

在你非常气愤的情况

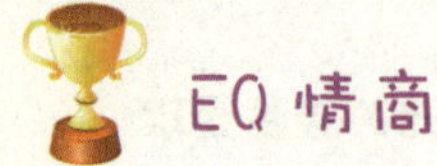

下，你却发现：你的竞争对手在做最后一道题时，却用的是你很久以前就抛弃不用的笨办法。

这样，你就要学会安慰自己：

“他这次只不过是运气好，选择题比我答得好，所以才会考的好，等下次，我一定要考出更好的成绩！”

这样，你不仅不会气馁，还会奋起直追。

因此，小朋友们一定要学会自我安慰，这样，你不仅能很快从低落的情绪中走出来，而且还能化失败为力量，取得更好的成绩。

精神排解的方法

（1）回顾自己几次伤心的时候，想想为什么会这样？

（2）听爸妈讲解“阿Q精神”。

（3）避免“阿Q精神”，学习自我安慰。

参加社区活动

根据美国教育研究中心的调查，全美有30%以上的公私立学校，实行或计划要求学生参与社区服务才能毕业。

只是在我们国家这种情况还很少见，但是，我们不得不承认，参加社区活动对培养孩子的情商有着直接的影响。

你需要在爸爸、妈妈的陪同下，亲自体验一下社区活动的感受，也许你的父母不会同意你这么做，在这样的情况下，你就需要说服自己的父母，希望他们同意这种对你有很深远意义的活动。

选择一个你和全家人都有空的时间，并联系同社区的好朋友们一起来参加。

你们可以做很多工作，比如：

（1）清除社区道路上的垃圾、积雪。

（2）在专门供应餐点的餐厅工作。

（3）加入拯救濒临绝种动物的组织（大熊猫、东北虎等）。

（4）到养老院为老人朗读。

（5）给孤儿送书、玩具……

当然，如果你所在的社区有专门的服务活动，你就可以经过父母的同意，在不影响你学习的前提下报名参加。

这样的活动非常有利于你的成长。

请你将最近所参加的服务性活动概括一下，并写下自己的感想：

做习惯的主人

一个想要成功的人，必须明白个人习惯的力量是多么强大，因为好习惯会使我们立于不败之地，而坏习惯却能让我们翻船。

小朋友必须养成良好的习惯，这样才有利于自己的健康成长，比如：你早上起床的时候，总是醒来就起，绝不赖床，不高声谈话，也不一边吃饭一边看电视等。

请将你一天的习惯大致列一下，再看看哪些是好的习惯，哪些是不好的习惯。

是不是发现自己竟然有许多坏习惯呢？

不要紧，从现在开始你就着手改变这些坏习惯吧，因为好的习惯是需要培养的。

行为科学家给人们提出了建立习惯的6个步骤：

（1）首先要给周围的人做出承诺，向朋友或周围的其他人表明你自己建立新习惯的决心。

（2）关注新习惯带来的好结果，这是一种自我提示的作用，对自己改变习惯的行为也是一种鼓励。

（3）不断地重复自己要养成的新习惯，因为习惯就是不断重复自己的行为，在不断重复的过程中，新的习惯自然就行成了。

（4）从现在开始就行动，一定要从现在开始，从今天开始，从这一刻开始，别让你的惰性磨灭了你的激情。

（5）及时反馈并纠正自己的旧习惯。

（6）最后要说的是，在自己的陋习反复出现的时候，千万不可以有破罐子破摔的想法，要给自己充足的信心，不要盲目自责。

这样，你就做了自己新习惯的主人了，因为高情商的人都是这样做的哦。

规则思考题

试着找出3个现实存在的规则（包括习惯也可以，比如：乘电梯为什么要靠右呢？想想看！那是因为左侧要空出一条通道，作为紧急通道，比如公安人员急行使用。）

（1）__________

（2）__________

（3）__________

14 学会抱怨的技巧

抱怨历来似乎都是妈妈的专利，但是，在小朋友的成长过程中，适当的抱怨可以解除精神上的紧张。

我们抱怨的目的是为了让自己轻松一些，但是，对于抱怨解决不了问题却还是啰嗦个没完没了，我们将其称为唠叨。

比如有人伤害了我们的感情或让我们感到非常不公平时，我们在内心深处肯定有一个声音在说：“你没有理由这样伤害我，这样对我太不公平。”

如果这种紧张状况太久，迟早会发生不良的情绪反应。

如果伤害者诚恳道歉并采取一定程度的补救措施，那么抱怨就会取得不错的成果，但是，这种情况发生的可能性非常小，我们需要将自己的不满和委屈宣泄出来。

通常情况下，你可以找知心朋友倾诉，一般情况下，他也会跟着一起生气，并竭力地安慰你，直到我们心理上的压力减

少到我们能重新面对原来的局面。

另外的一种方法，就是到一个没人的地方，大喊大叫一番，你可以撕心裂肺的喊叫。或者放声大哭，直到你不想哭为止。

抱怨是要分很多场合的，我们抱怨只是宣泄感情的一种方式，完全可以用另外一种代替，聪明的小朋友知道吗？

训练题

将自己最喜欢抱怨的话题记录下来，然后就这些话题一一列出你的处理方式，并写出自己的满意程度。

第三章

与人相处的技巧

1 团体合作力量大

小朋友大概都知道“一根筷子容易被折断，十根筷子用力也折不断”这个道理吧。

这句谚语说的是团体合作就是力量的道理。

在班级比赛中，集体的力量永远都是最强大的。

团体合作力量大体现最明显的就是拔河比赛，如果其中有一个人没有用力，就有可能失去原先的优势。

小朋友要学会在团体中生活，从团体中实现自己的价值，这样的锻炼首先需要从家庭做起。

如果你们全家都喜欢集体做事，并且分工明确，那么你就具有很强的集体意识，懂得在集体中自己的位置。

比如，星期天家里要进行一次大扫除，妈妈的任务是整理厨房，然后洗净所有的物品；

爸爸担当拖地，挪东西等较重的活。

在其他人也有活干的情况下，小朋友就应该帮着做一些事情，比如帮大人递送需要的东西，而不是双眼只盯着电视看，只有融入到这个团体中，你才有团体合作的意识。

在学校里，你参加了接力比赛，就需要用尽全力跑出自己的

最佳水平。只有你们4个人都竭尽全力了，才能跑出最好的水平，取得最终的胜利。

团体合作是每个人都要有的一种意识，它会影响你的将来，因为每个人都不可能完成所有的事情，只有你懂得了如何与集体凝聚在一起，你的才能和智慧才会得到最大限度的发挥。

轻松时刻

螃蟹赛跑

准备时，两个、两个背对背，相互勾肘，像螃蟹一样。

裁判员发令后，几组人争取协调一致，从起点出发，先抵达终点的为胜。

拔河踢小球

准备一根绳，绳端2米外各放一只小足球。

比赛可以由爷爷、奶奶、爸爸、妈妈和孩子组成两队上场。

发令后各自用力向后拉，哪一队不松手先踢到小足球即可得分。

接着互换位置再赛，五战三胜，看哪个队获胜。

学会妙用幽默

幽默是许多人都喜欢的一种交流方式。

小朋友培养自己的幽默感，有助于实现与人交流中的情绪共鸣，提高情商。

小朋友培养自己的幽默感，需要父母的参与才能更好地进行。

培养孩子幽默感的最简便有效的方式，就是玩。

孩子们都喜欢完全忘我、看上去很热闹的游戏，比如：

打雪仗、猫抓老鼠等，这能让孩子在玩中体会超越现实的快乐。

全家人一起讲笑话和猜谜语，可以定一个时间，比如在每周三晚饭后，定期的汽车旅行中或家庭会议之后，只要全家方便就行，在讲笑话的时候，记住让自己减轻压力，增强凝聚力，解决困难和矛盾，应付特定的恐惧、忧患等。

另外，做鬼脸是小孩子经常用来幽默的一种方式，比如对正在发愁的朋友做一个鬼脸，可以减轻他内心的压力，缓解思

第77页答案：老猴子先让兔子A将蘑菇平均分成两份，然后由兔子B先在两份中挑选一份，剩下的那份就留给兔子A。因为蘑菇是由兔子A分的，这两份在他的眼中当然都是一模一样的。两份蘑菇在兔子B眼中肯定是大小不一样的，所以他挑走了那份他认为比较大的。

维定势。

在与同学争论的过程中，可以插一些笑话来缓解紧张的气氛。

学会充当小丑，或者以小丑的样子玩耍，小朋友都喜欢看《西游记》很大程度上是受到了其中的孙悟空的神情动作吸引。

小朋友可以学着让自己变成小猴子的样子，或者小猫、圣诞老人等，这些都能让小朋友感到兴奋和欢乐。

妙用幽默，能让你和其他人的关系变得更加融洽，同时也提高了你的情商，强化了大脑反应速度。

课外多看一些笑话和幽默的书籍，和几个朋友约定好一个固定的日子，每个礼拜进行一次笑话和幽默大餐，相信不出多久，你就会妙语连珠，让你的朋友百分百地喜欢你哦。

使你幽默的方法

（1）看一本幽默的笑话书。

（2）找一些幽默的比喻，比如：他跑得比兔子还快等。

（3）写一则你生活中带有幽默性质的短文。

学会拒绝和接受拒绝

可能小朋友会说：“拒绝谁不会，还需要学吗？”

但是，你的要求遭到拒绝之后，你的内心是不是“很受伤”呢？

如同上面所说的，拒绝别人的确很轻松，但是如果不注意一些细节上的问题，比如语气的柔和与强硬等，就会给友谊造成伤痕。

因此，小朋友在拒绝别人的时候，千万要了解一些细节上的问题，比如，对待那些好意的请求和要求，你需要耐心地给对方说“不”，比如，你的朋友小刚要求你明天下午一起去吃肯德基，但是你已经答应妈妈明天下午要早点回家吃饭，因此，你就要委婉地拒绝小刚的好意邀请。

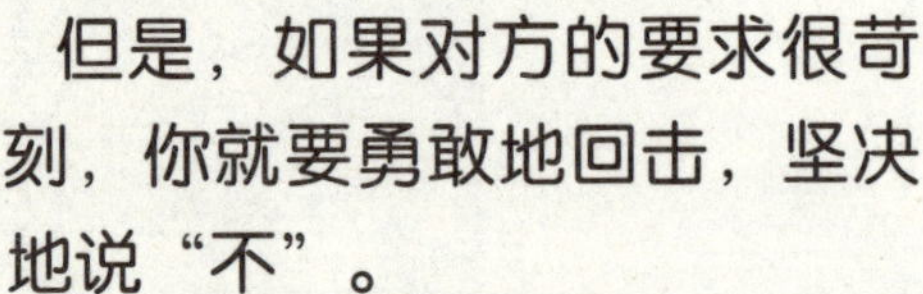

但是，如果对方的要求很苛刻，你就要勇敢地回击，坚决地说“不”。

同时，小朋友要学会的就是要接受别人的拒绝，比如，你希望今晚妈妈陪你一起入睡，但是妈妈却说她今晚很忙，你应该自己一个人睡，小

朋友这时肯定会非常沮丧，心里难以平静，这时，你就要学会接受这个令人沮丧的拒绝了。

通常情况下，被人拒绝往往是一件很难过的事情，因此，你需要在心理上首先接受这个结果，然后，替对方找个让你最愿意接受的理由来说服自己，或者出去到外面转一会儿，放松一下心情就好了。

照镜子

当你照镜子时，映出的常常不见得都是你的真实容貌。一人站在两块相对排放着的立镜中间，就会照出一连串的影像。

假设有一间小屋，屋内上下、左右、前后都铺满了无缝隙的镜子，请问：

当有个芭蕾舞演员走进这间小屋时，她能看到什么样的影像呢？

4 先要学会聆听

西方有句谚语：上帝造人时，如果要我们说话的时间比听的时间多，就会给我们两张嘴巴和一只耳朵。

但是，我们每个人都长着两只耳朵一张嘴。

因此，我们最好让听的时间比说话的时间多一些才好。

也许小朋友都有这样的感受，当你在对某个人说话时，内心肯定希望他能认真聆听，并能体会到你内心的感受和心境，这样才能表示你的意见和想法受到他的重视。

同样的道理，要想与人达到沟通的最佳效果，你首先就要学会聆听。

在聆听对方话语的过程中，你的表情就会表明你内心的想法。

因此，你自始至终目光都应该注视着说话者，并对对方的谈话内容产生浓厚的兴趣，同时，不要让周围的其他因素影响了你的注意力，你需要避免做一些容易分神的动作，比如看电视等。当然，你最好不要轻易打断别人的讲话，如果有问题，你得等待时机，争取不要打断他的谈话思路。

在整个交谈中，你需要的就是聆听，并通过你的身体语

言，向他传递你的信号，比如点头、一些手势等。

可是，你千万不能在整个过程中一言不发，只知道死盯着对方的眼睛和一个劲的点头，这样很容易会被对方误解的。

倾听他人诉说

（1）回想同学向你倾诉的全过程（所说的内容、表情等）。

（2）找出你没有做到位的地方，写成一篇短文记录下来。

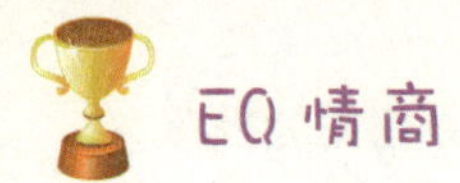

投其所好去交流

小朋友在与人交流的过程中，特别要注意对方现在的心情和正在思考的问题是否有关，如果你很准确地就发现对方喜欢谈论什么，那么，毫无疑问，接下来你的谈话所取得的效果是非常成功的。

比如，你想和坐在你前面的女同学聊聊天，却不知道怎样开口，也没有足够的自信确定对方会不会领情。

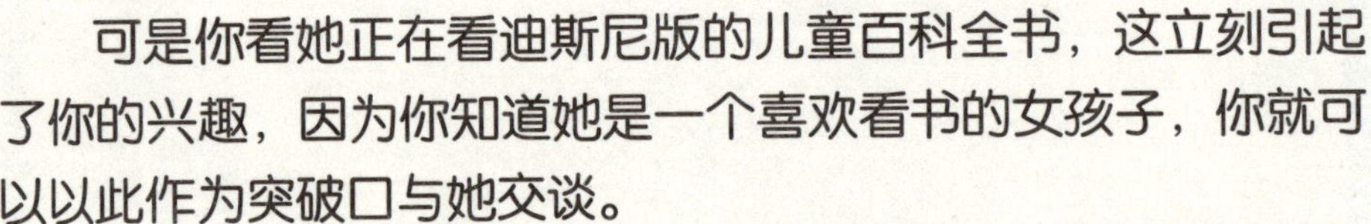

可是你看她正在看迪斯尼版的儿童百科全书，这立刻引起了你的兴趣，因为你知道她是一个喜欢看书的女孩子，你就可以以此作为突破口与她交谈。

同样的道理，你也可以就游戏的问题和某个陌生的男孩一起玩一下午。

在和别人交往的时候，第一次缩短彼此之间陌生的距离最为重要。

因此，小朋友在和其他小朋友交往的时候，就要先仔细观察对方的言行举止，以及当前他正在做的事情，这样你就可以大致了解出对方的爱

好，有针对性地主动和对方交谈。

在谈话的过程中，你要顺着对方的思路走，并巧妙地将自己的看法和观点夹杂其中，这样，即使你们彼此都没有共同的话题，你也不会感到气馁和产生失败感。

了解他人的爱好

（1）问问你同学有什么兴趣爱好。

（2）观察一下同学的穿着、发型等。

（3）整理一下你的思绪和同学做一次深刻的交流。

6 学会谈话的技巧

人与人之间的交流主要通过语言来实现，对于小朋友来说，学会谈话的技巧就显得十分的重要，下面就是孩子谈话需要注意的一些技巧：

1.表达自己需要时，要明明白白地向听话者表达清楚你的想法、需要和目的。

2.谈一些你们都感兴趣的事和你认为重要或有趣的事。

3.让对方多谈自己。这时你可以表现出非常好奇的表情，并尽可能地多了解对方。

4.随时准备提供帮助和建议。随时注意对方的需要和感受，比如："我真的不知道该如何处理这件事。"

5.发出邀请。如果你很喜欢对方，就表示出来让他知道，你可以试着发出邀请，让他来参加你们都感兴趣的活动。

6.及时做出回应。在和对方谈话时，你如果赞同就应该进行评论和赞扬，比如："这个主意不错！"

7.集中精力倾听。在谈话的过程中不要干别的事，千万不要自作主张改变话题。

8.当个最忠实的听众。你可以偶尔对所谈的事情提出一些问题，要求对方重新说明或提供的信息更详尽一些。

9.学会理解对方的感情。多说一些能反映对方情感的话，并表示理解对方此刻的心情。比如："我想，当初你一定非常激动。"

10.对对方表示感兴趣。向对方微笑、点头，或者频繁地进

行眼光接触，来表明你对他很感兴趣。

11.对对方的谈话内容表示接受。对于相关的问题，仔细听对方的观点，并按照对方的暗示继续谈话的内容。

12.表达喜欢和赞成要有分寸。表示喜欢时，采用拥抱、握手或者拍拍对方的肩膀，告诉他：你喜欢他，并赞同他做的某些事。

13.表达同情时不要太腻。描述你所看到的对方的感情，并表示你的关心和同情，比如："你的脸色很苍白，你不舒服吗？"

14.在适当的时候帮助对方。你最好提出一些好的建议，给对方一些不同的意见和办法，并设法给予现实的帮助，即使你从中得不到半点好处。

以上就是一些简单的谈话技巧，它们可以帮助你在处理人际关系的时候变得更加顺利，只要你注意自己在谈话中的内容和表情，你就会成为最受大家欢迎的人。

巧用文中的谈话技巧

请你利用文中14点谈话技巧和同学、老师、朋友进行一次谈话，谈话内容可以按对象自己安排哦。

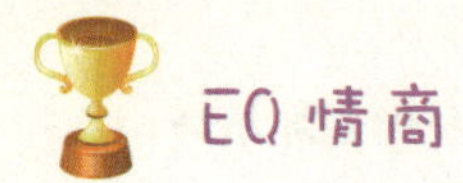

宽容，让你的天地更广阔

心理学家指出：宽容并不是软弱的象征，适度的宽容，对于改善你的朋友关系和身心健康都是有益的。

宽容就是：你一脚踩扁了一朵紫罗兰，但它不仅没有反抗，还把香味留在你的脚上。

宽容别人就是在升华自己的灵魂，因为对方做了让你伤心痛恨的事情，你才会抓住对方不放，甚至一见到对方就感觉心里不舒服。

这说明你还惦记着以前的伤害，你没有学会宽容，从而让自己整天得不到快乐。

比如，你一个非常要好的朋友有一次不小心弄坏了你的犀牛木雕，这件木雕是你最珍贵的东西，你从此便不和他往来，一见到他就感觉非常气愤，甚至想冲上去将他痛打一顿，更不用说接受他的赔礼道歉了，你也为这事伤心了好几个星期。

但是，当你有一天原谅他之后，你发现，自己以往的难过和愤怒都消失了，你们俩又非常的友好了。

这就说明，宽容和原谅在救赎他

人的同时，也是在宽容自己，让自己从伤心和难过中很快地走出来。

因此，如果是别人做了错事，你需要学会宽容和原谅，这样能显示出你超强的心态。

如果你自己有了过失，也要学会宽容和接纳自己，并努力从中吸取经验教训，引以为戒，这样，你才能乐观地面对紧接而来的事情，才能保持一种快乐的心态应对各种挑战。

造　句

请以文中“宽容就是：你一脚踩扁了一朵紫罗兰，但它不仅没有反抗，还把香味留在你的脚上。”的句式造个句子。

真诚的赞美

许多家长一定都明白这样一个道理：

要想促进自己的孩子取得更好的成绩，最好的办法就是对他们进行真诚的赞美。

小朋友可能经常听到父母对自己的赞美，比如，你在瞬间就解决了妈妈想了半天也整不出来的难题，妈妈就会亲切地抚摸你的小脸，说："宝贝，你真聪明，竟然瞬间就解决了妈妈的难题！"

你今天穿了一件非常漂亮的黄裙子，凡是遇见你的小朋友都会赞美你非常漂亮，这样，你的心情肯定很愉快，学习的效率也超乎你的想象。

同样的，你也要学会赞美别人，这是你真诚地向对方表示你对他感兴趣的最好方式。

你可以尝试从别人身上找到值得赞美的东西，你需要抓住别人给你的第一印象，或者从某人身上表现出来的优良品质等。

将他给你的良好印象用合适的语言表达出来，这样，你就已经给他人带来了欢乐。

你赞美对方的要素很

多，比如对方的眼睛、嘴巴，或者对方穿了一件漂亮的衣服，对方在很短的时间内完成了让你大吃一惊的举动等，以上这些都可以作为对他人的赞美。

当然，你的赞美必须要贴合实际，不要让自己的“嘴上沾了蜜”，而让人产生厌恶感。

同时，在接受别人的真诚的赞美之后，你除了给对方真诚的微笑之外，千万别忘了向对方说声“谢谢”。

做一做

（1）发现以前没有发现的优点，赞美他（她）。

（2）把你喜爱的花草树木写成一篇小短文加以赞扬。

（3）找出一些赞扬的词语，比如，漂亮、美丽等。

9 找一个榜样学习交往

小朋友心目中肯定有自己学习的榜样吧，比如你会将邻居家的哥哥作为学习的好榜样，你可能希望将来做一个像妈妈那样的好女人等，你会在一些细节上努力向自己的榜样学习。

同样，你可以在学习交往时给自己找一个榜样，这个榜样可以是班上的一个同学，他幽默、活泼、浑身散发着活力，老师和同学都喜欢和他交往，那么你就学着模仿他和朋友在一起时的表情、说话方式等。

当然，你也可以把自己的爸爸、妈妈作为你学习交往的好榜样，他们人缘很好，和邻居的关系都处理的非常融洽，尤其是妈妈，她待人热诚、诚实守信，脸上总是挂着微笑，给人一种很亲切的感觉，因此，你就向妈妈学习吧，像她那样微笑对待每一个人，待人亲切、真诚。

对于小朋友来说，榜样的力量是巨大的，只要你崇拜谁，就会觉得他（她）所做的一切都是那么的潇洒自如，你只需给自己找一个适合你性格和个性的偶像，那么你就会全身心地投入到交往的模仿和学习中去。

要知道，模仿是学习的第一步，因此没有什么不好意思，这样，经过一段时间的学习，你就会发现自己原来也是情商高手，你会有很多好朋友，整天都在快乐之中。

小游戏

大家围坐在方桌四周，通过猜拳选出一个领头人。

游戏开始，领头人发令并做出相应的动作，如：睡觉、起立、喝茶、握手等，别人必须马上做出和他不同的动作。领头人连续发令，一旦谁做出和他一样的动作则为失误，就要表演一个小节目，之后换当领头人。

如大家2分钟内都不失误，则由领头人表演节目。

先求了解别人，再求被了解

小朋友，你觉得在和你的好朋友交往的过程中，是不是一件非常愉快轻松的事情呢？

如果是，这说明你社交能力很强哦！

但是，在和有些人交往的过程中，你却感觉不到半点轻松，因为他不管你的感受，向你大吐苦水，甚至有时还埋怨你没有认真听他讲话，遇到这样的朋友你的感受是什么呢？

肯定让你难受，甚至发誓以后再也不做他的朋友了。

同样的道理，如果这样的毛病发生在你身上，你就能看到，自己的朋友是多么的稀少了。

那么，现在我就帮你找到原因何在，并帮你解决这个问题吧，小朋友，你喜欢《神雕侠侣》中的郭襄吗？

她不仅聪明，而且有很多朋友，包括超出她父亲年龄的忘年交，她最大的特点就是很会理解人，能站在对方的立场上思考问题，这样一来，别人肯定都喜欢做她的朋友了。

小朋友如果在与人交往的时候，能了解对方现在的心情和性格特点，以及他与你说话想要达到的目的，你很快就能与对方达成共同的心理状态，这样对方才能了解你的需要和想法。

比如你受到了老师的表扬，内心狂喜不已，想要找个人共享一下你激动的情绪。

你就先要看对方现在的心情，看他有没有时间陪你一起高兴，这样你就能抓住重点，不但融洽了感情，而且也达到了你要共享情感的目的。

想一想，画一画

将你与别人谈话时的习惯写出来，思考一下如果别人这样对你，你会不会愉快地接受。最好将自己的情态画出来。比如：坐姿、眼神、手势、语调、是否紧张等。

11 要清楚“旁观者清，当局者迷”的道理

在和其他人交往的过程中，要学会体谅别人，你和别人交往的时候，必须要求自己全神贯注倾听对方的话语。

你能做的就是表现出能够理解和体谅别人，这样，你就能使对方放松心情，对方就能详细地叙述自己的情况。

你对对方所面临的问题有更多地认识和了解，同时你也可以引导对方，凭借他自己的力量寻求解决问题的办法。

这是一种非常高明的谈话技巧，你可以利用自己的话，重复一遍你所听到的内容，比如：

“你是说……”这样能使对方意识到你在仔细听他的谈话，同时，让对方听一下自己的话是不是应该需要改正一下。

另外，在谈话的过程中，分析谈话者的心态是非常重要的，你可以站在对方的角度体验他此刻的心态，更重要的是，你可以从自己的角度评价对方的心情和感觉，比如：“看你这么伤心（生气），应该……”

你在无形中就提醒了对方某些他没有考虑到的因素，因

为，在整个交流的过程中，你是一个旁观者，所谓“旁观者清，当局者迷”，可能你所提醒对方的恰好点中了问题的关键，使对方猛然醒悟到自己应该怎么做。

做一做

（1）观看同学下象棋或围棋记录下你所想和他们所做的不同方法。

（2）预测一下他们二者之中哪个能取胜。

（3）下象棋后和他们一起回味这盘棋。

（4）和同学下一盘棋，看你会不会犯自己作为旁观者时觉得不该犯的错误。

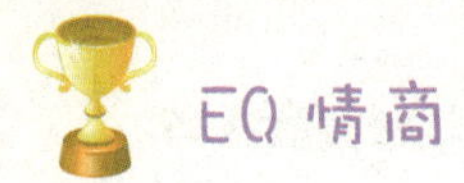

12 礼貌待人

你是一个懂礼貌的孩子吗?

如果你有骂人的习惯、对待其他人动不动就动怒，或者做事动作粗鲁，相信这样肯定得不到别人的友谊。

礼貌待人，这是每一个人都应该做到的做人准则。

小朋友需要知道的礼仪形式很多，比如：

（1）为老人让座。

（2）夜晚不要太吵。

（3）看电视时将声音调小到不干扰父母做事。

（4）上课不要做小动作。

（5）要认真听讲。

（6）尊重别人的隐私不要到处宣扬等。

这都是懂礼貌的孩子应该知道的。

一个懂礼貌的孩子体现出了良好的家庭教养，能得到周围人的赞扬和认可，可见，礼貌对小朋友来说是多么的重要。

第89页答案：（1）女人的眼睛画错了，上睫毛短下睫毛长；（2）嘴巴的上唇和下唇颠倒过来了。

有一本《孩子最应知道的80个礼仪常识》，可以教你在待人的过程中，具体应该注意的事情。

研究表明，那些从小就懂得礼貌待人的孩子，其情商明显比那些不懂礼貌的孩子高，他们在交朋接友方面显得得心应手，并且将来成功的概率也大得多。

因此，从现在开始，小朋友就应该学会怎样礼貌待人，从最小的事情学起，从身边的人做起，努力做一个高情商的好孩子。

帮助它们解决问题

两只小兔子在森林里拣到了一堆蘑菇。为平均分配这些蘑菇它们争吵起来，最后只好把这个问题交给森林国王老猴子来处理。结果老猴子给它们出了一个绝妙的点子，两只小兔子高高兴兴地均分了这堆蘑菇。

请问：老猴子出了一个什么点子呢？

13 选对时间和父母交谈

家庭就是一个小社会，让孩子学会社交技巧的最初地点是家里，孩子与父母经常对话的行为习惯，有可能被拿来用在与同伴的交往中。

同时，父母是孩子人生路上的第一位老师。

因此，在培养孩子的交际能力上，父母首先要起到言传身教的表率作用。

但是对于很多父母来说，最大的障碍却是忙碌的工作，这导致他们与孩子交谈的机会下降、次数减少。

小朋友们应该主动要求和父母交谈，最好给自己和家长定一个交谈时间表。

比如，你可以定期每天在睡觉之前和父母交谈15分钟后再睡觉。

或者每周有几次在饭桌上和父母进行一些宽松有意义的谈话。

如果，父母有空陪你长时间的散步或者开车出门兜风的话，这就是你们交流的最好机会。

在你和家长的谈话中，你需要敞开心扉，将自己内心的想法和计划都说出来，这样，父母就会更加了解你的学习、生活及情感。

这种自然暴露的交谈方法，被欧美国家大量采用。这种交谈的好处就是父母和孩子可以分享双方的思想和情感，对缺点和错误，以及在学习和生活中产生的问题能够得到直接的解决办法，并激励你如父母那样去处理问题。

因此，选对时间和父母交谈，可以让你获得很多。

学会和父母交谈

（1）写出几个要和父母交谈的话题。

（2）交谈后将和父母所谈的内容记录下来。

（3）一周一次，注意保持哦！

14 对朋友要有诚信

诚实守信历来就是我们每个人都应该遵守的美德，一个人如果缺乏诚信，那么他的后果肯定非常惨。

下面的故事，就讲述了诚信对人的重要性。

一个年轻人经过渡口，突然遇上了大风浪，他一共有七个背囊，里面分别装有：健康、美貌、金钱、荣誉、权力、智慧、诚信。小船马上就要沉没了，老艄公让他抛弃一样东西方可渡江，他想来想去，美貌、金钱、荣誉……

他一样也舍不得抛弃，最后看了看，于是就将“诚信”这个背囊抛弃了。

后来他虽然拥有很多东西，金钱、权力什么都有，却活得非常孤单，没有一个亲朋好友，最后只好在孤独中伤心的死去。

通过上面的故事，小朋友们可以看出，诚信决定了一个人一生的成败，可见它对我们有多么的重要。

小朋友从小就要培养诚信的美好品质，答应别人的事情，一定要竭尽全力的去完成，因为你给别人的许诺，别人会一直记在心中，希望能将它化为最后的真实。

比如，你答应好了在星期天和朋友约好了一起去动物园，你就要在约定的时间和地点准时赶到。

你答应送给同桌一个你亲手制作的小帆船，你必须将这个小帆船在最短的时间内送给他，因为，你的许诺会给你同桌一种心理期待。

当然，每个人都不希望自己成为朋友和同学心目中的大骗子，因此，从小养成诚信的好品质，对提高你的情商有举足轻重的作用。

做一做

（1）答应别人的时候要考虑好，不要反悔，不要犹豫不决，要果断行事。

（2）答应朋友做一件事，努力做好它。

注意你的语言感情色彩

小朋友在与他人交往的时候，特别要注意自己说话的措词和语气，因为你说话的语气在很大程度上表明了你的情绪和心情，这会影响听话者的接受程度和接受能力。

比如，在美术课上，你想借同学的蓝色彩笔用一下，如果你说："把你的蓝彩笔拿过来给我用一下。"

同学肯定就会非常不乐意借给你，因为你说话的口气让人听起来不悦耳，给人的感觉似乎蓝彩笔是你自家的一样；

但是，如果你这样说："我能借用一下你的蓝彩笔吗？"

或者"借用一下你的蓝彩笔，好吗？"

这样，对方会很乐意将自己的蓝彩笔借给你。

在同别人交往的时候，很大程度上不是话语的内容决定交流的顺畅与否，而是说话的语气和感情色彩表达的是否恰当。

如果你面带微笑和他人交流，即使你在谈话中有了一些失误，对方也不会太在乎；

同样，在交流的时候，尽量避免使用带有命令和愤怒的语气去讲话，而多用请求和祈使的语气去交流。

语言的感情色彩很丰富，需要小朋友在实际交流中去摸索，一些非常让人难以接受的语气方式，只会让你的朋友越来越少，虽然，这只是一个微小的细节，但却能影响到整个交流过程是否顺畅和成功。

模拟交流

情景：你的自行车坏在路上了，你希望找个人来帮你修好自行车，正好迎面走来一个中年男子，你接下来会怎么做？

请将你们的语言编成一段小对话，并读给父母听，让他们帮你修改其中的问题。

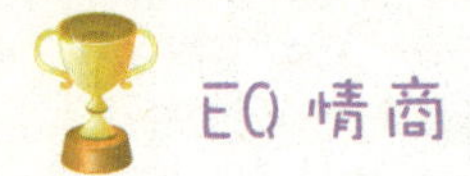

16 设身处地为他人着想

你会经常站在别人的立场上考虑他们的感受和处境吗？

比如，你看到一个小朋友在很伤心的哭泣，你的内心会感到非常难受，会走过去安慰他，并把自己刚买的冰激凌送给他吃，你这样做无非是希望他不再伤心。

但是，这也反映了你具有同情心，并设身处地为他人着想的良好品格。

这种为他人着想的做法你会经常使用，只是你从来没有意识到而已，比如：

在拥挤的公交车上，你为一个白发苍苍的老爷爷让座，这就是一种为他人着想。到超市买东西排长队结账的时候，你看到一个顾客在你后面非常着急，你会想：“他是不是有什么急事？反正我也不着急，就让他先结吧。”你会等待一会，让这个着急的人排在你前面结账。

设身处地为他人着想的大前提就是理解，理解别人是所有孩子的天性。

这也是一个小孩子能够成长为一个拥有理智情感的成人的

前提。

在这点上，小朋友需要向大人学习，看他们是怎样处理同类事情的，你可以向父母询问关于理解的一些细节，在和其他小朋友交往的过程中，试着按照父母教给你的思维方式去处理，你会发现，你得到了其他小朋友真诚的友谊。

看一看，抄一抄

（1）和同学交换笔记看（体验同学不同的字体和记笔记的习惯）。

（2）准备一本笔记叫同学们给你抄一首他（她）喜欢的歌。

与自己喜欢的人交朋友

国外有关专家通过研究发现，孩子的性格发育与他的人际关系总是相等的。

交友的技能在儿童期过后，就很难再学会了。

交友的技能是衡量一个人情商高低的要点之一，这种情商技能一旦错过了正常的学习时间段，那么在以后的人生路上就很难学会了。

也许小朋友会为了想玩邻家小朋友的单板滑车，就会送给他半盒饼干作为交换，这样，他们就成了朋友。

下次见面的时候，他们彼此还会打招呼，并且一起去玩。

这就是孩子最初的交友，他们都希望通过交换而成为好朋友。

当然，你可能会邀请你的好朋友去你家吃饭，并要求妈妈做你最喜欢吃的布丁给他吃，因为，凡是你喜欢的东西，你的朋友也一样喜欢。为了平等，你的好朋友肯定也会在饭桌上邀请你去他家做客，他还会告诉你，他妈妈会做世界上

最好吃的水果沙拉，因此，他会拿水果沙拉招待你。

这是更深一层的交友，你们或许会成为这一生中最好的朋友。

与自己喜欢的人交朋友，你也许只是因为他穿了一件和你一模一样的衣服，这引起了你对他的好感，自然而然你们就成了朋友。

也许是你们俩都喜欢看同一部动画片，或者喜欢吃一样的水果等，这些都能给你带来交友的机会，因为你相信，他和你喜欢的东西相同，你们就会喜欢彼此。

统计一下

将你的好朋友列出一个清单，写在下面的表格中吧。

	姓　名	性　别	爱　好	交往时间
（1）				
（2）				
（3）				

18 保持微笑与人交流

下面有四个与笑有关的表情，根据你的判断，你认为哪种表情，在交谈的过程中最受人欢迎？

专家研究发现，选择自左向右第四个笑的人在人际交往中最受欢迎，因为这种笑是微笑，而微笑最能打动对方的心。

关于微笑的魅力，最著名的当数意大利达·芬奇的绘画《蒙娜丽莎》中蒙娜丽莎的微笑，绝大多数人都喜欢与之交流的对方微笑着与自己谈话，因为微笑能带来安全、温馨和信任的感觉。

知道了微笑在与人交流中的地位和作用，小朋友以后在与其他人的交流中最好保持微笑。

当然，最好相应地将那些比较让人产生反感的表情藏起来对付“坏蛋”。

如果你与陌生人进行交

流，微笑则是打开你们之间防范的钥匙。

因为你的微笑向对方表明了你没有别的企图，只是想从他那里得到一些帮助而已，这样对方就会坦诚地回答你的问题，并会尽可能帮助你。

微笑没有人富有到不需要它，也没有人穷到给不出一个微笑。

找错误

花几分钟时间看看这张微笑女人的脸，然后再把书上下翻转，你就会有惊人的发现。

请指出图中两处错误各是什么？

第四章

自我激励的艺术

1 换一种心态看待问题

保持积极的心态，还需要学会换一种心态去思考问题。

假如你星期天约好了好朋友去公园玩，好不容易盼到了这一天，前一天晚上你准备就绪了，等到第二天起床后才发现，外面下起了大雨，你好好的心情就因这场大雨骤然降到了最低点，这时你需要的或许就是要换一种心态来看待下雨问题了。

在积极的心情遭受了打击之后，我们就需要找一些事情去做，借以分散注意力，这些事情最好是你平时最喜欢做的事情。

同时，要学会安慰自我，当事情已成定局难以挽回的时候，不妨多学学塞翁失马后的心态，这样可以快速地帮你摆脱消极的情绪，当然，你也可以学习阿Q精神，依靠精神胜利法维护自尊心和自信心，在有些得不到满足的情况下，我们不妨做一只狐狸：

几只狐狸同时走到葡萄架下，但却无法吃到葡萄，狐狸A自我安慰说葡萄是酸的，自己不想吃，走了。

狐狸B不断地使劲往上蹦，嘴里念念有词：“不抓到葡萄誓不罢休”，最终耗尽体力累死在葡萄架下。

狐狸C吃不到葡萄便破口大骂，抱怨人们为什么把葡萄架得这么高，不料被农夫听到，一锄头将它打死在地。

狐狸D因生气抑郁而死。

狐狸E犯了疯病，整天口中念念有词：

“吃葡萄不吐葡萄皮……”

对于上面的五只狐狸的不同表现，你想想看自己想做哪一种狐狸呢？

颜色训练题

（1）看着一棵绿树，感受一下你有什么心情？

（2）在现实中找出你觉得冷色调（比如：绿、蓝）和暖色调（比如：红、橙）。

要有坚持不懈、持之以恒的精神

相信我们都钦佩比尔·盖茨、李嘉诚等。

这些依靠艰苦努力而取得成功的人，但是包括我们的父母和许多教育工作者在内都不知道，究竟该如何培养孩子的勤奋刻苦、持之以恒、志向远大等情商技能。

对父母来说，最麻烦、最苦恼的事莫过于孩子对学习失去了兴趣。

对于你自己应该意识到的一点就是要对自己的能力和努力之间的关系有清楚的认识。

你要相信自己，加倍努力可以弥补能力方面的不足。

如果你非常聪明，你也许可以少做些努力，但必须完成在学校的学习，对学校作业仍抱乐观态度。

这是一种好的心态，它预示你现在有更多的时间投入到增加自己课外知识和提高自己能力上去。

你可以利用这个时间阅读大量的书籍，或者开发自己的爱好，组织一些社团活动以锻炼你的人际关系能力等。

但是，无论你做什么事情，都需要有坚持不懈、持之以恒的精神。

我国有句古话叫：“水滴石穿、绳锯木断”，意思就是一滴水虽然很渺小，但是天长日久也可以将石头滴穿，绳子也可以当做锯子锯断木头。

小朋友应该从小就培养坚持不懈、持之以恒的精神，只有这样才能伴你走向辉煌的未来。

记一记，想一想

《荀子·劝学》中有这样一段话，很是值得小朋友们一生记住的。

积土成山，风雨兴焉，积水成渊，蛟龙生焉，积善成德，而神明自得，圣心备焉。故不积跬步，无以致千里，不积小流，无以成江海。骐骥一跃，不能十步，驽马十驾，功在不舍。锲而舍之，朽木不折；锲而不舍，金石可镂。蚓无爪牙之利，筋骨之强，上食埃土，下饮黄泉，用心一也。蟹八跪而二螯，非蛇蟮之穴无可寄托者，用心躁也。

如果你不懂得上面一段话的含义，可以让你的父母帮你解释。

懂得自我激励

懂得自我激励的人会坦然地面对困难，当然也渴望克服困难，但对我们大多数人来说，自我激励就是勤勤恳恳努力的同义词，而唯有勤奋努力才能使你走向成功，带给你自我满足。

小朋友在自己的成长过程中会经历很多的困难，比如接受失败的洗礼、考试的失误，或者身体终生受到伤害等，要想很快从低落的情绪和悲伤的心态中走出来。

首先要做的就是要懂得自我鞭策，学会自我激励，这样你才不会被命运打倒。

懂得自我激励的小朋友要注意不要让自己骄傲自满，因为骄傲带来的后果就是失败后的一蹶不振。

历史上那些懂得自我激励的名人非常多，阿尔伯特·爱因斯坦小学时学习数学就有障碍，著名政治家丘吉尔、洛克菲勒等都曾遇到过不少的困难，但是他们在困难面前会冷静地分析形势，并要求自己奋斗下去，努力做得比其他人更好。

法国的拿破仑个子非常矮小，战场上的军官因此不听他的调遣，拿破仑却说："我是没有你们高，但是要是觉得这是我和你们的差别的话，我会削掉你们的脑袋，消除这个差别。"

从这些人身上，我们应该学会的就是那种自我激励的精神。

当你在学习和生活中遇到了挫折和失败时，就能很快地将失败转化为前进的动力。

只要你能这样一直坚持下去，就一定能实现你的理想、获得成功。

尝试啦啦队的感觉

（1）尝试或者练习一下啦啦队的感觉，比如你在看刘翔110米跨栏，你为他喊“加油！”（虽然他听不见，但这是锻炼你自我鼓励的好方法。）

（2）同学赛跑的时候可以为他（她）喊：“加油”等。

4 相信自己是胜利者

法国的萨特曾经说过这样一句话：

“一个人想要成为什么，那他就会成为什么。”

可见，自己的理想和自信是多么的重要。

在竞技场上，如果你没有信心相信自己会击败对手，那么，你一定会成为最终的失败者。

小朋友可以将自己所能知道的能力写在笔记本的扉页上，这样，每天在翻开笔记本时，第一眼就能看到这些自信的字句。

相信这样不出多久，你就会发现自己有了改变：

（1）上课不敢勇于举手回答问题的毛病没有了，相反在课堂上你变得非常踊跃，听课的效率也飞速上升。

（2）平时锻炼身体只能跑400米就坚持不住了。现在你可以跑轻松800米、1 500米了。

（3）以前见到陌生人只想躲避，而现在你却能游刃有余地应付。

（4）以前只能眼睁睁地看到别人拿到“学习标兵”的荣誉，但是现在它离你已经不远……

上面这些都是自信所带来的变化。

而你需要做的就是发现自己的优点，并经常提醒自己：“我一定行”“我一定能成为一个出色的人”，将自身的优点转化到平时的学习和生活等实际行动中去。

无论做什么事，开始时都要有一个好心态，相信自己，“胜利是属于我的”，这样，你才能摆脱掉以前的坏毛病，成为一个高EQ孩子。

锻炼自信的一个方法（做俯卧撑）

选择一个比较干净的地面，最好是草坪、地毯等，做俯卧撑，每次在做之前给自己定一个比上次略高一点的目标，并且每天坚持。几个月下来，你就会越来越自信。

5 自己动手实现愿望

小朋友在自己的学习和生活中，绝大多数事情都是父母帮助或者代替我们完成的，可是你有没有勇气独自来完成呢？

对于你，就需要从现在开始自己动手来做事情，让父母给我们了解外面世界的机会，并最好将他们的期望传达给我们，我们需要自己亲自去寻找答案，而不是从他们手中接过现成的答案。

如果你需要一辆自行车，那么你就自己用积攒压岁钱或节省零花钱等办法来买，而不是让父母买给你，你需要给家长传达一种信息：

你可以依靠自己的努力得到自己想要的东西。

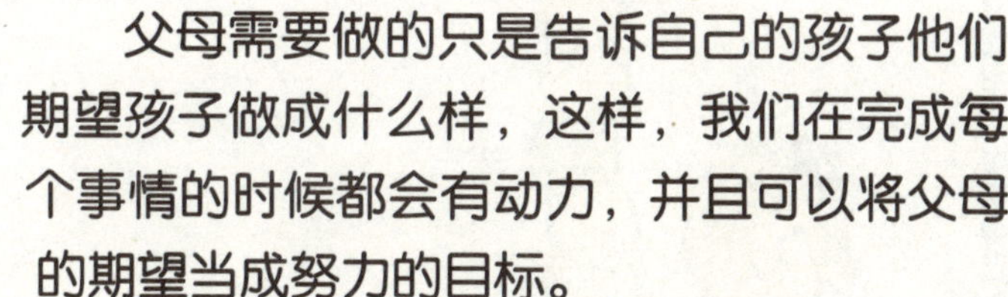

父母需要做的只是告诉自己的孩子他们期望孩子做成什么样，这样，我们在完成每个事情的时候都会有动力，并且可以将父母的期望当成努力的目标。

这种以你为主动来实现自己理想的形式，可以增强你对自己的信任感。

因为在你自己攒钱的过程中，你就会明白，自己某一特定行动会得到预期的结果，这辆自行车是你自己通过努力获得的，你需要摆脱父母主观的意愿，向着自己向往的理想行动，而不是一味地在课外学你不喜欢的钢琴、绘画等，你需要为自己制订学习和行动计划，安排自己的课外时间来开发你的爱好，你需要相信的一点：自己动手能实现愿望。

做一做

（1）亲自下厨房做一次饭。

（2）花一天时间捡矿泉水瓶，用赚来的钱给自己买学习用品。

（3）安排一份学习计划，向爸妈申请通过。

勇敢面对失败

美国大发明家爱迪生说："失败是成功之母"，他在发明白炽灯的灯丝试验中经历了无数次失败。

当有人问他失败了这么多次得到的启示是什么时，爱迪生回答："失败告诉我这些材料都不适合做灯丝"。

可见，失败并不完全是最坏的事情，它往往在成功的隔壁，只要你有勇气承认失败，全新地面对失败，你会发现失败并不是那么可怕。

拿破仑是法国人的骄傲，他在被反法同盟第一次打败退位后，却还能再次崛起，重返法国复辟自己的帝制，这是一种坚决不饶的精神，值得我们去学习。

小朋友们在自己将来的人生道路上也会遇到失败，对于失败的化解和积极地做出反应，是一切高情商者所具备的素质。

比如你在一次重要的竞赛中遭遇了"滑铁卢"，接下来你会怎样做呢？是回家一阵哭闹、埋怨比赛时不利于你发挥的因素，还是坐下来认真思考这次竞赛?

你要认真地排查自己的不足之处，同时考虑对手的充足准备和其他一些原因。

你需要将这些失败的因素牢记下来，并告诫自己不要让同类型的错误再次发生。

勇敢面对自己的失败，这是一种非常聪明的处理方式，因为失败能告诉你许多，并帮助你在以后的人生道路上劈荆斩棘，获得成功。

跳跳跳，超越自己

半蹲地用劲向前跳，看你能跳出多远，用粉笔在地上标注，然后再跳一次，看能不能超越上一次，如此跳10次，每一跳是不是超越了自己呢?

时刻保持希望，做最好的自己

你最大的理想是什么？

你有没有考虑过给自己列一张清单，上面写出自己一生要做的事情呢？

下面的这个故事或许能给你一些启发吧：

约翰·高德小时候便敢于访问“假使”的神奇王国，15岁时，他开了一张清单，列出了他一生要做的事，有127个他希望达成的目标，其中包括探险尼罗河，攀登埃佛勒斯峰，研究苏丹的原始部落，5分钟跑完1英里，把《圣经》从头到尾读一遍，在海中潜水，用钢琴弹《月光曲》，读完大英百科全书和环游世界……

如今他已是中年人了，是目前世界上还活着的最著名的探险家之一。

他已完成清单里127个目标中的105个，也完成了许多其他令人兴奋的事。

我们相信你肯定是一个非同寻常的孩子，如果你还没有同上面故事中主人公一样的清单，那么现在就开始吧，你需要一个非常安静的环境，然后根据自己的天赋和性格特点仔细思考，你可以用上半天，或者一个礼拜，最好是越快越好，最后找几张耐磨不怕折的纸，将自己一生要做的事情一一列在纸上。

在以后的日子里，无论是在学习中还是生活中，相信你一定会保持奋斗的希望和热情，这样，你将会变成一个非同寻常的人。

理想变了吗？

（1）想想自己现在的理想是什么，请写在日记本上（以后回头看看）。

（2）想想自己曾经的理想是什么，如果和当时的理想一样，想想自己为什么坚持这么久？如果变了，又是为什么？

将自己的爱好发扬光大

小朋友们都有自己特殊的爱好，不同的是，有些父母认为孩子的爱好是缺点，没有在实际行动中给予支持，这样就大大地损伤了小朋友的创新思维能力。

你首先要发掘自己的爱好，并想办法将其发扬光大。

但是小朋友要清楚的一点就是爱好不等于天赋，比如你非常喜欢观看篮球比赛，但是这并不代表你就具有篮球运动的天赋。请你将自己的爱好列出来，写在一张纸上。

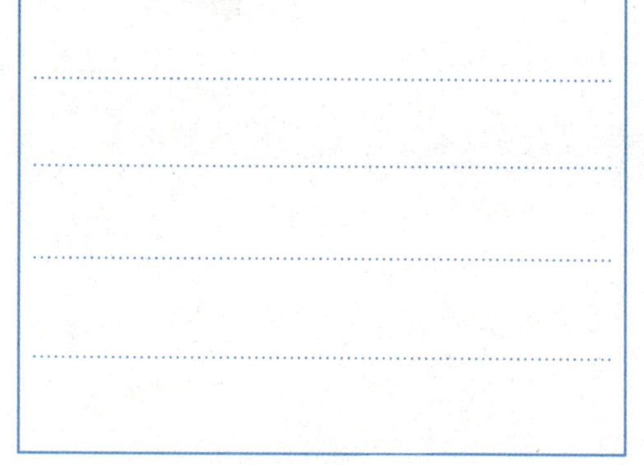

想想看，上面你所列出的爱好中，有哪一项最适合你的性格特征，也就是说能让你保持非常长的时间，并且你对这个爱好当前的状况非常了解，这样你就可以在它上面多花些时间，你需要给自己安排好学习和继续爱好的时间，同时要

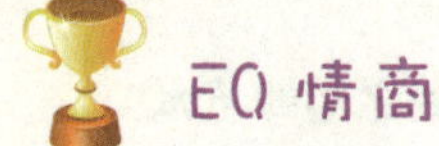

让父母、朋友以及同学、老师都知道，你在这个爱好上有高出常人的能力。

这样做可以给你的爱好提供可用武之地的机会，并让父母尊重你的爱好，从而获得他们的支持，这样一来，你大脑中沉睡的斗志可能就会被爱好唤醒哦！

也许不久的将来，你的爱好就能帮你走向成功！

（1）给自己设定一个爱好档案，将自己的爱好以及坚持的时间详细地列出来，每天坚持看一遍自己记录的内容。试试看，你将会有非同寻常的收获。

（2）自己动手搞一些小制作，比如用纸叠一只小船、用木头削一把剑等。

（3）收藏一些你认为有意义的东西，比如集邮，收集铅笔、硬币等。

与快乐的人相处

每个人都希望自己是一个快乐的人，相信小朋友们也都喜欢与快乐的人相处，快乐是会传染的，如果一个非常沉默的团体中有一个人的性格非常外向，并且整天都保持着微笑的表情，那么，相信不出多久这个沉默的团体就会变成快乐的阵营。

当然，如果你现在非常地郁闷，想找一个好朋友聊聊天，以便让自己发泄一下，最后，往往可能你忘记了刚才的伤心和郁闷，但是你的郁闷情绪却传染给了他，让他很久不能恢复到以前的快乐状态。

快乐是一种必不可少的情商。

一项研究请学生考虑下列假设性问题：

设定你的学期目标是80分，一周前第一次月考成绩（占总成绩30%）发下来了，你得了60分，接下来你会怎么做？

乐观的学生肯定决定要努力，比以前更加用功，同时可能会采用参加周末学习班等各种补

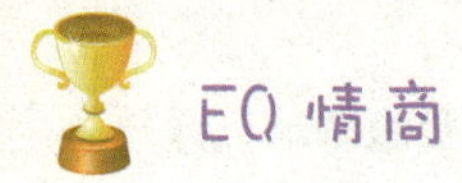

救办法。

一般的学生也会想一些能提高学习效率的方法，但他们仅是想想而已，很少付诸实践。

悲观的学生则会宣布放弃，破罐破摔，从此一蹶不振。

你在学习上也应该乐观面对，在平时最好与乐观同学相处，探讨一些好的方法，这样，时隔不久，你也会是一个快乐的人，并以乐观的心态来处理自己所遇到的所有困难。

放松一下

姥姥的白发

女儿问妈妈："妈妈，您头上为什么长出了白发？"

妈妈想了想，微笑着答道："女儿不听话，妈妈头上就长白头发。"

女儿恍然大悟："哦，我这下可知道姥姥的头发为什么全是白的了！"

第五章

你就是情商高手

1 坚持写日记

坚持写日记能让我们过去的时光脉络非常清楚，日记本来就是为你一个人所有的，它可以记录下你不想为人所知的隐私，或者当天发生在你身上并值得回忆的事情等。

也许坚持一件事是非常不容易的事情，尤其是像写日记这种没有结尾的工作更是如此，但是，小朋友坚持写日记却有非常多的好处喔。

经常写日记其实就是在锻炼自己的写作水平。

因此，要想在将来致力成为一名作家的小朋友，千万别放过这种锻炼的好机会。

写日记是对自己这一天活动的总结，因此，你可以写上自己对某件事的感受，对某人的看法等，并且这样可以发泄你的激动和不满，如果你最近非常不顺心或是遇到了悲伤的事，那么你更应该写日记，将自己的悲伤心情记下来，这就相当于发泄，相信明天的你比往常更快乐。

另外，写日记最重要的是为将来回忆作基础，假设当你几十年之后，再翻开你现在的日记，你会发现，自己现在的想法和思考问题的角度与当初是如此的截然不同。

小朋友坚持写日记无形中会让自己变得勤奋，形成良好的生物钟，这样有利于身体的发育成长。

小朋友在写日记的时候，不一定每天都写，你可以隔两天记一次，也可以天天都写，但要力求自己的日记整洁、文句通顺、笔下有物。

记日记能帮助我们培养洞察力，以新的视角分析问题，这对小朋友的成长来说至关重要。

因此，记日记不仅可以提高情商，还会记载我们成长的过程，亲爱的小朋友，从今天开始就记日记吧。

动手找一找

找一找你曾经写过的日记，或者作文，重读一遍，整理一下。

时刻保持希望

保持希望的人情商都很高，因为他们能在最艰难的时刻，保持进取和永不气馁的勇气，从而凭借希望走出失败的艰难困境，最终走向成功。

英国的威灵顿将军在和拿破仑的一场决战中失败了，他意志非常消沉，没有了报仇雪耻的勇气。

在一个风雨交加的傍晚，他无意间看到墙角有一只蜘蛛在不停地织网，风雨一次又一次地将它刚搭上的线吹断，但是这只蜘蛛坚持不懈，又一次从头再来以至往复，最后，它成功地织成了自己的网。

威灵顿将军看到整个过程深受感动，他决定东山再起，重组军队，纵横捭阖，联合欧洲多个国家的军队，终于在滑铁卢一战中打败了拿破仑。

上面的故事对我们是一个启发，如果威灵顿将军没有将拿破仑打败的希望，他是不可能青史留名的。

我们小朋友在学习的过程中，不可避免地要经历失败，但是，只要你有希望，相信自己下次一定能考好，那么相信你的行动就会证实你的希望是多么的重要。

在其他事情上也一样，比如你希望成为百米冠军，希望就

会支撑你的意志，让你不断地训练下去并达到目标。

小朋友从现在开始就要学会给自己定目标，比如你希望将来成为一名解放军，你希望考上清华、北大，你希望做一个如比尔·盖茨那样的商人，你还可以希望自己做一个像迈克尔·乔丹那样的篮球明星等，这些希望都会支撑你的意志，让你全身心地投入到日常学习中去。

在为希望而拼搏的道路上遇到的困难你也会独自去克服，因此，只有像你一样，有希望的小朋友才能走向成功。

（1）说出你现在的愿望，比如，希望拥有一个新书包等。

（2）找出含有“望”字的词，比如：希望、愿望等。

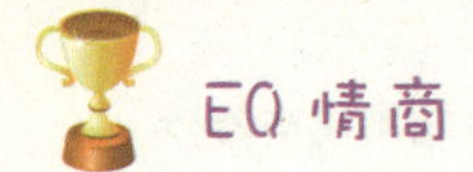

活到老，学到老

小朋友整天被各种学习任务压得喘不过气来，除了在学校完成学习任务之外，晚上回家还要做爸爸、妈妈为你布置的家庭作业，并且规定，不做完不许看电视，不能上床睡觉等。

原先盼望的星期天，现在也被各种学习班占据了，你必须在星期天上钢琴课、参加舞蹈班……

没完没了的学习简直让小朋友烦透了。

不可否认，这些名目繁多的学习任务，并不是每一项都是必要的，但是小朋友应该知道的一点，就是自己的兴趣是在不断的尝试中形成的。

我们每个人每天都要不断地学习，这样才不会被社会淘汰，妈妈期望自己的儿女将来是社会的佼佼者，小朋友只有通过系统的学习，才能掌握有用的知识，现在的知识变化很快，日新月异，因此，小朋友从现在起，就要有“活到老，学到老”的意识。

小朋友在学习的过程中，首先需要注意的是：

学习那些自己感兴趣或者自己认为有用的知识，像数学、语文、体育、写作等，其次，就是要讲求学习方法。

小朋友需要寻找一个最适合自己的学习方法，这样才能有更多的空闲时间发挥自己的爱好。

综合发展

（1）给自己制订一个读书计划（包括文学、绘画、报纸等）。

（2）努力练钢笔字、毛笔字书法。

（3）学会一种乐器，比如吉他、钢琴。

4 学会乐意接受新技能

小朋友在小学阶段是学习能力最强的时期，你们的艺术才能在这一时期得到了充分的显现。

作为父母，就应该注意孩子一些反常的爱好，并细心引导，使其成为孩子掌握的一项新技能。

现在有许多家长将自己的孩子送往各种各样的学习班学习，恨不得孩子把世界上所有的东西一股脑儿的全学会，但是，从最后所取得的效果来看，孩子接受的技能基本上都是一些固定的东西，没过多久就全忘记了。

其实，小朋友应该保持接受新技能的好奇心，比如，妈妈为你买了一只纸风筝，你很喜欢，如果你是一个喜欢学习新技能的孩子，也许你就会照着风筝的样子，找来材料自己亲手制作一只新的风筝。

同样的例子，如果你对各式各样的飞机、军事武器感兴趣，你不妨弄来一堆橡皮泥，自己亲手捏出你心目中的武器模型。

如果妈妈要把你送往绘画班学绘画，而你平时又喜欢画一些你想象的事物，那么，你就要努力学习了，你可以将前一天

在动物园看到的动物画下来，然后将自己亲手画的画拿给妈妈看，让她帮你评审，指出画的优缺点。

你也可以学着听一些音乐，并感受其中的韵律。

当然，你也可以学弹钢琴、吹笛子、拉小提琴，只要你喜欢做的事情你都可以亲自学一学、试一试。

对你来说，最重要的是要勤奋，其次就是要将自己的喜好用实际行动表现出来，另外，保持好奇心也是非常重要的。

只要你有时时准备接受一项新技能的心理准备，相信你会做的非常出色，你的情商也会得到很大的提高。

动手做一做

（1）找一只风筝作为模型，然后自己找材料亲手制作一只。试试看，你的风筝能不能在天空飞。

（2）你喜欢什么乐器？搜集你喜欢乐器的演奏光碟、磁带等，认真听，然后确定你是否要学习这种乐器。

（3）在课外时，可以学着画一些简单的物体或情景，比如，鱼缸中游来游去的金鱼、一棵小树等，并试着给你的作品着色。

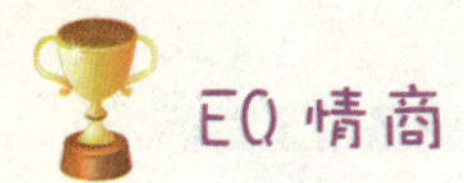

5 旅行培养忍耐力和适应能力

如果你是一个喜欢旅游的孩子，你肯定非常乐观、具有超强的忍耐力和适应能力。

在节假日的时候，爸爸妈妈会带上你一起旅游，对你来说，旅游不仅仅带给了你欢乐，而且还让你增长了许多在书本上学不到的东西。

你可以亲身体验那些有趣的风俗和文化氛围，更重要的是，旅游对你的忍耐力和适应能力也是一种非常大的提升和考验。

比如，你要登华山了，而华山是以“险”闻名的。如果你的胆量比较小，这对你提高自己的胆量有莫大的帮助，那窄窄的台阶无限向上延伸，如果往悬崖下一望，那种眩晕的刺激保准你一辈子都忘不了。

如果你是男孩子，你可以去看黄果树瀑布或者壶口大瀑布，那种气势恢弘的力量让你感到犹如万马奔腾那样的壮观。

旅游更重要的是锻炼你的忍耐力和适应能力，这在做长途旅行时体现的最为明显，你必须赶车，白天不停地奔波，在整个旅途中，你要忍受热、口渴、被太阳晒或者寒风的袭击，这些在无形中就要求你要接受和忍耐，困难迫使你学会了生存的

技巧，锻炼了你的团队的合作精神。

通过旅行，你学会了意外伤害的处理方法，在增强了你体质的同时，还会激发你勇于进取、不达目的誓不罢休的拼搏精神，这些都无形中提高了你的情商，让你在成长的道路上奋勇向前。

做一做

（1）在父母的帮助下，给自己定一个旅游计划，并努力使自己的计划得到实施。

（2）制订并画出旅游路线，并将自己的想法告诉父母，自己收拾行囊，学会独立地面对困难。

（3）旅游的时候，试着写旅游日记，将自己的感想和收获记录下来。

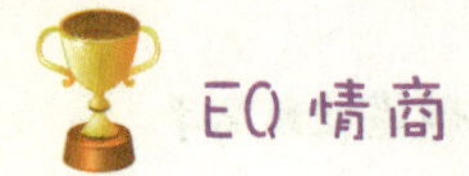

学会独立解决一些问题

学会独立解决一些问题，对小朋友来说，是一件非常有用的训练。

比如，你今天一个人学会了使用洗衣机，并把全家人的衣服洗得干干净净，竟然让从外面回来的妈妈大吃一惊。

在空闲的时候，你总是做些让全家人惊喜的事情，你学会了清理地板、给鱼缸换水等工作，这些都是你通过观察大人们做事时慢慢学会的，也许你只是做了一些简单的家务劳动而已，但是，这对你的成长来说却是一件很有意义的事情。

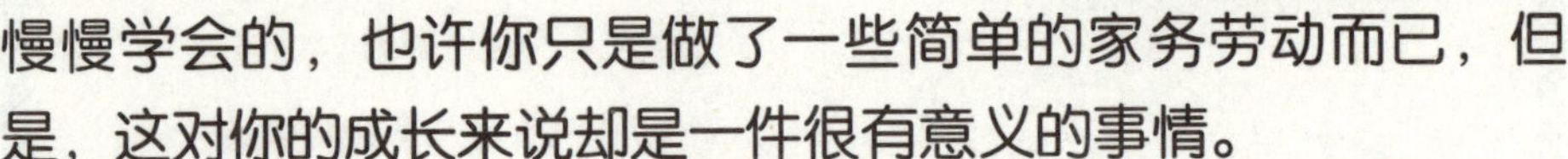

小朋友需要通过自己的努力去解决一些简单的问题，包括家务劳动、小制作、小发明等能培养动手能力的事情，比如，你想自己亲自动手制作一架飞机模型，这就需要你找到一些相对较硬的纸张，然后按照制作步骤一步一步进行下去。

整个制作过程不仅培养了你的动手能力，而且还锻炼了你的抽象思维能力，使你的左右脑都得到开发。

在遇到问题和困难的时候，小朋友需要自己去解决这些问题，因为通过解

决问题，可以锻炼你的交往能力和生存技能。

比如，你踢足球时不小心打破了某家窗户的玻璃，你就需要亲自去给人家道歉，并自己赔偿打破的玻璃。你需要做到的就是要为自己的行为负责，在外面闯祸了要尽可能的亲自解决，这样很能锻炼你独立解决问题的能力，为以后走向社会打好基础。

独立从这开始

（1）整理好自己的房间。

（2）给家人做一顿饭等。

（3）自己上下公交车，注意安全哦。

正确对待批评

相信小朋友都喜欢被人称赞，而讨厌被人批评吧。

心理学家研究证明，在长辈鼓励和赞扬的环境下长大的孩子，相比那些整天被批评的孩子，在将来的成功之路上会更加顺利，取得的成就更为卓越。

可见，称赞和肯定会对正在成长过程中的小朋友有多么重要。

但是，每个人不可能整天都生活在赞扬和鼓励的环境中，学会以正确的心态来应对批评显得尤为重要。

假设你在家疯玩时，不小心打碎了卧室的大镜子，你悄悄地将玻璃碎片清除掉，并用窗帘遮住了镜框满心希望这样就能瞒过父母的眼睛。

谁知到了晚上还是被妈妈发现了，妈妈狠狠地批评了你一顿，你非常伤心。

其实，你需要正确对待妈妈对你的批评，可能你打碎的镜子是姥姥留给妈妈的嫁妆，妈妈因舍不得这个纪念物被打碎而批评了你；抑或是妈妈因你做错了事情而不老实承认，甚至用窗帘掩盖你打碎镜子的事实而大发雷霆等。

这些都可能是妈妈批评你的真实理由，你需要想的，就是

要站在妈妈的角度来思考这个问题，并找足够多的理由来说服自己是错误的，这样，你才能心平气和地接受妈妈的批评，你也不会伤心了，因为你的做法真的错了。

正确对待批评，可以让你更加全面的了解自己，并懂得批评给人带来的伤害，你也不会轻易对别人发怒，能控制住自己的情绪了。

观　点

（1）养成善于发表观点的习惯。

（2）养成善于接受别人批评的习惯。

（3）分别记录别人的观点和自己的观点。

学会给自己减压

小朋友在自己的成长过程中，不同程度地要受到来自学校、家长和同学之间的压力，对于你自己，最主要的是先要弄清楚这些压力的来源，同时多与父母沟通，解决此类问题。

如果你对校外活动不感兴趣，也不想和其他小朋友一起玩，无论是看电视还是到外面逛街你都提不起兴趣，在无形中你感觉到有很多心事，受到了委屈却又欲言又止，以上这些现象都表明你心理上有很大压力，这就需要小朋友多多注意了。

针对自己所感受到的压力，你需要想办法将其化解；

你最先需要求助的人就是爸爸、妈妈，你要将自己心中的想法和感觉告诉他们，让他们帮你想办法来解决你内心的问题。

当然，你也要自己努力，争取在最短的时间内摆脱掉这些烦人的心理问题。

你可以给自己找一个安静、没有干扰的学习环境，同时想办法集中注意力，争取高效地完成学习任务。

如果你的考试成绩不太理想，不要着急，更不要抱怨，你只需向前看。

如果你尽力完成了一件

事情，你需要关注的是整个过程，而不仅仅是最终的结果。

同时，你需要多参加一些体育锻炼，或者让自己与其他的小朋友融洽相处。

如果你感觉自己很累，那么就需要保持充足的睡眠和健康合理的饮食。

这样一来，你就会感觉自己轻松了很多，学习的效率也迅速的得到了提高。

放松自己

（1）不要为做错事情感到烦恼，马上改正就好。

（2）心情不好时，做一次深呼吸，活动活动。

（3）不瞻前顾后，开心学习，只和自己比较。

参考文献

[1] 汤姆·伍杰克. 101个激发创造力和想像力的游戏[M]. 海南：南海出版社，2006.

[2] 刘畅. 增强记忆的最有效秘诀[M]. 北京：中国纺织出版社，2006.

[3] 谭春虹. EQ情商决定个人命运的最关键因素[M]. 北京：海潮出版社，2004

[4] 李凌青 崔华芳. 培养孩子意志力的关键[M]. 北京：中国纺织出版社，2006.

[5] 陈书凯. 超强记忆力训练法[M]. 北京. 中国纺织出版社，2004.